绿色建筑施工与项目管理

董永福　赵利刚　李新建　主编

吉林科学技术出版社

图书在版编目（CIP）数据

绿色建筑施工与项目管理 / 董永福，赵利刚，李新
建主编．-- 长春：吉林科学技术出版社，2022.8
ISBN 978-7-5578-9671-3

Ⅰ．①绿… Ⅱ．①董… ②赵… ③李… Ⅲ．①生态建
筑－施工管理②生态建筑－工程项目管理 Ⅳ．
① TU-023

中国版本图书馆 CIP 数据核字（2022）第 178442 号

绿色建筑施工与项目管理

主　　编　董永福　赵利刚　李新建
出 版 人　宛　霞
责任编辑　王维义
封面设计　树人教育
制　　版　树人教育
幅面尺寸　185mm×260mm
字　　数　280 千字
印　　张　12.5
印　　数　1-1500 册
版　　次　2022年8月第1版
印　　次　2023年3月第1次印刷

出　　版　吉林科学技术出版社
发　　行　吉林科学技术出版社
地　　址　长春市福祉大路5788号
邮　　编　130118
发行部电话/传真　0431-81629529 81629530 81629531
　　　　　　　　　　81629532 81629533 81629534
储运部电话　0431-86059116
编辑部电话　0431-81629518
印　　刷　三河市嵩川印刷有限公司

书　　号　ISBN 978-7-5578-9671-3
定　　价　90.00元

前　言

建筑业是我国重要的经济支柱产业，但是它能耗高、对环境影响大。依据可持续发展战略规划要求，大力推进建筑绿色施工，做好项目绿色施工管理已经迫在眉睫，这也是建筑领域的必然趋势。

随着我国经济和科学技术的快速发展，人们对生活质量的需要也随之有了大的提高，不再仅仅满足于居住，对居住环境和环境保护方面有了更进一步的需求，引起消费理念和环保观念的较大转变。与之相关的建筑业得到了迅猛发展，我们都知道，建筑行业对能源的消耗大，工程量越大，产生的能源消耗和环境破坏也越严重，为了我国社会经济和生态的可持续发展，必须转变建筑行业的传统发展模式。只有全面推进绿色施工，才是今后建筑行业发展的必由之路。实现绿色施工管理，能够实现资源的高效和可循环利用，促进基本建设领域的经济转型，从而进一步满足人们对建筑质量生活的需求。

在建筑施工过程中，不仅消耗大量的资源，还对环境造成严重影响。现阶段管理人员在施工过程中，常忽视现场的环境质量。由于监管不力，加之施工周期长、工序极其复杂，因此会产生大量的扬尘、建筑垃圾、废水等有害物质。不仅危害建筑施工现场工作人员的身体健康，还会给周围群众带来伤害。将绿色发展理念引入建筑施工，实现绿色施工现场管理具有深远意义。

本书是一本关于绿色建筑的专著，主要讲述的是绿色建筑施工与项目管理，首先对绿色建筑展开讲述；其次对绿色建筑施工技术展开讲述；最后对绿色建筑项目管理展开讲述。通过本书的讲解，希望能够给读者提供一定的借鉴。

目 录

第一章 绿色施工

绿色施工就是在保证质量、安全等基本要求的前提下，通过科学管理和技术进步，最大限度地节约资源，减少对环境的负面影响，实现四节一环保（节能、节材、节水、节地和环境保护）的建筑工程施工活动。绿色施工技术并不是独立于传统施工技术的全新技术，而是用可持续的眼光对传统施工技术的重新审视，是符合可持续发展战略的施工技术，绿色施工不但对建筑业可持续发展、实现我国节能减排工作大局有重要意义，而且也是提高施工企业管理水平、技术创新、降低生产成本等竞争力的有效途径。

第一节 绿色施工概述

一、绿色施工的内涵

《建筑工程绿色施工评价标准》中将绿色施工定义为：绿色施工是指建筑工程施工过程中，在保证工程质量和安全的前提下，通过运用先进的技术和科学的管理方式，最大限度减少对环境的污染和对资源的浪费，从而实现施工过程中的节能、节地、节水、节材和环境保护的目的。

绿色施工应是可持续发展理念在工程施工中全面应用的体现，绿色施工并不仅仅是指在工程施工中实施封闭施工，没有尘土飞扬，没有噪声扰民，在工地四周栽花、种草，实施定时洒水等这些内容，它涉及可持续发展各个方面，如生态与环境保护、资源与能源利用、社会与经济发展等内容。

二、绿色施工的现状

绿色施工是可持续发展思想在工程施工中的应用体现，是绿色施工技术的综合应用。绿色施工技术并不是独立于传统施工技术的全新技术，而是用"可持续"的眼光对传统施工技术的重新审视，是符合可持续发展战略的施工技术。

绿色施工并不是很新的思维途径，承包商以及建设单位为了满足政府及大众对文明施工、环境保护及减少噪音的要求，为了提高企业自身形象，一般均会采取一定的技术来降低施工噪音、减少施工扰民、减少环境污染等，尤其在政府要求严格、大众环保意识较强的城市进行施工时，这些措施一般会比较有效。但是，大多数承包商在采取这些绿色施工技术时是比较被动、消极的，对绿色施工的理解也是比较单一的，还不能够积极主动地运用适当技术、科学的管理方法以系统的思维模式、规范的操作方式从事绿色施工。事实上，绿色施工并不仅仅是指在工程施工中实施封闭施工，没有尘土飞扬，没有噪声扰民，在工地四周栽花、种草，实施定时洒水等这些内容，还包括了其他大量内容。它同绿色设计一样，涉及可持续发展的各个方面，如生态与环境保护、资源与能源利用、社会与经济发展等。真正的绿色施工应当是将"绿色方式"作为一个整体运用到施工中去，将整个施工过程作为一个微观系统进行科学的绿色施工组织设计。绿色施工技术除了文明施工、封闭施工、减少噪音扰民、减少环境污染、清洁运输等外，还包括减少场地干扰、尊重基地环境，结合气候施工，节约水、电、材料等资源或能源，环保健康的施工工艺，减少填埋废弃物的数量，以及实施科学管理、保证施工质量等。

　　大多数承包商注重按承包合同、施工图纸、技术要求、项目计划及项目预算完成项目的各项目标，没有运用现有的成熟技术和高新技术充分考虑施工的可持续发展，绿色施工技术并未随着新技术、新管理方法的运用而得到充分应用。施工企业更没有把绿色施工能力作为企业的竞争力，未能充分运用科学的管理方法采取切实可行的行动做到保护环境、节约能源。

三、施工原则与要求

（一）施工的原则

1. 减少场地干扰、尊重基地环境

绿色施工要减少场地干扰。

　　工程施工过程会严重扰乱场地环境，这一点对于未开发区域的新建项目尤其严重。场地平整、土方开挖、施工降水、永久及临时设施建造、场地废物处理等均会对场地上现存的动植物资源、地形地貌、地下水位等造成影响；还会对场地内现存的文物、地方特色资源等带来破坏，影响当地文脉的继承和发扬。因此，施工中减少场地干扰、尊重基地环境对于保护生态环境，维持地方文脉具有重要的意义。业主、设计单位和承包商应当识别场地内现有的自然、文化和构筑物特征，并通过合理的设计、施工和管理工作，将这些特征保存下来。可持续的场地设计对于减少这种干扰具有重要的作用。就工程施工而言，承包商应结合业主、设计单位对承包商使用场地的要求，制订满足这些要求的、能尽量减少场地干扰的场地使用计划。计划中应明确：

　　（1）场地内哪些区域将被保护、哪些植物将被保护，并明确保护的方法；

　　（2）怎样在满足施工、设计和经济方面要求的前提下，尽量减少清理和扰动的区域面积，尽量减少临时设施、减少施工用管线；

　　（3）场地内哪些区域将被用作仓储和临时设施建设，如何合理安排承包商、分包商及

各工种对施工场地的使用，减少材料和设备的搬动；

（4）各工种为了运送、安装和其他目的对场地通道的要求；

（5）废物将被如何处理和消除，如有废物回填或填埋，应分析其对场地生态、环境的影响；

（6）怎样将场地与公众隔离。

2. 施工结合气候

承包商在选择施工方法、施工机械，安排施工顺序，布置施工场地时应结合气候特征。这可以减少因为气候原因而带来施工措施的增加，资源和能源用量的增加，有效降低施工成本，可以减少因为额外措施对施工现场及环境的干扰，可以有利于施工现场环境质量品质的改善和工程质量的提高。

承包商要能做到施工结合气候，首先要了解现场所在地区的气象资料及特征，主要包括降雨、降雪资料，如全年降雨量、降雪量、雨季起止日期、一日最大降雨量等；气温资料，如年平均气温，最高、最低气温及持续时间等；风的资料，如风速、风向和风的频率等。施工结合气候的主要措施体现在以下方面。

（1）承包商应尽可能合理地安排施工顺序，使会受到不利气候影响的施工工序能够在不利气候来临时完成。如在雨季来临之前，完成土方工程、基础工程的施工，以减少地下水位上升对施工的影响，减少其他需要增加的额外雨季施工保证措施。

（2）安排好全场性排水、防洪，减少对现场及周边环境的影响。

（3）施工场地布置应结合气候，符合劳动保护、安全、防火的要求。产生有害气体和污染环境的加工场（如沥青熬制、石灰熟化）及易燃的设施（如木工棚、易燃物品仓库）应布置在下风向，且不危害当地居民；起重设施的布置应考虑风、雷电的影响。

（4）在冬季、雨季、风季、炎热夏季施工中，应针对工程特点，尤其是对混凝土工程、土方工程、深基础工程、水下工程和高空作业等，选择适合的季节性施工方法或有效措施。

3. 绿色施工要求节水节电环保

节约资源（能源）建设项目通常要使用大量的材料、能源和水资源。减少资源的消耗，节约能源，提高效益，保护水资源是可持续发展的基本观点。施工中资源（能源）的节约主要有以下几方面内容。

（1）水资源的节约利用。通过监测水资源的使用，安装小流量的设备和器具，在可能的场所重新利用雨水或施工废水等措施来减少施工期间的用水量，降低用水费用。

（2）节约电能。通过监测利用率，安装节能灯具和设备、利用声光传感器控制照明灯具，采用节电型施工机械，合理安排施工时间等降低用电量，节约电能。

（3）减少材料的损耗。通过更仔细的采购，合理的现场保管，减少材料的搬运次数，减少包装，完善操作工艺，增加摊销材料的周转次数等降低材料在使用中的消耗，提高材料的使用效率。

（4）可回收资源的利用。可回收资源的利用是节约资源的主要手段，也是当前应加强的方向。主要体现在两个方面，一是使用可再生的或含有可再生成分的产品和材料，这有助于将可回收部分从废弃物中分离出来，同时减少了原始材料的使用，即减少了自然资源的消耗；二是加大资源和材料的回收利用、循环利用，如在施工现场建立废物回收系统，再回收或重复利用在拆除时得到的材料，这可减少施工中材料的消耗量或通过销售来增加企业的收入，也可降低企业运输或填埋垃圾的费用。

4. 减少环境污染，提高环境品质

绿色施工要求减少环境污染。

工程施工中产生的大量灰尘、噪音、有毒有害气体、废物等会对环境品质造成严重影响，也将有损于现场工作人员、使用者以及公众的健康。因此，减少环境污染，提高环境品质也是绿色施工的基本原则。提高与施工有关的室内外空气品质是该原则的最主要内容。施工过程中，扰动建筑材料和系统所产生的灰尘，从材料、产品、施工设备或施工过程中散发出来的挥发性有机化合物或微粒均会引起室内外空气品质问题。许多这些挥发性有机化合物或微粒会对健康构成潜在的威胁和损害，需要特殊的安全防护。这些威胁和损伤有些是长期的，甚至是致命的。而且在建造过程中，这些空气污染物也可能渗入邻近的建筑物，并在施工结束后继续留在建筑物内。这种影响尤其对那些需要在房屋使用者在场的情况下进行施工的改建项目更需引起重视。常用的提高施工场地空气品质的绿色施工技术措施可能有：

（1）制订有关室内外空气品质的施工管理计划；

（2）使用低挥发性的材料或产品；

（3）安装局部临时排风或局部净化和过滤设备；

（4）进行必要的绿化，经常洒水清扫，防止建筑垃圾堆积在建筑物内，贮存好可能造成污染的材料；

（5）采用更安全、健康的建筑机械或生产方式，如用商品混凝土代替现场混凝土搅拌，可大幅度地消除粉尘污染；

（6）合理安排施工顺序，尽量减少一些建筑材料，如地毯、顶棚、饰面等对污染物的吸收；

（7）对于施工时仍在使用的建筑物而言，应将有毒的工作安排在非工作时间进行，并与通风措施相结合，在进行有毒工作时以及工作完成以后，用室外新鲜空气对现场通风；

（8）对于施工时仍在使用的建筑物而言，将施工区域保持负压或升高使用区域的气压会有助于防止空气污染物污染使用区域。

对于噪音的控制也是防止环境污染，提高环境品质的一个方面。当前中国已经出台了一些相应的规定对施工噪音进行限制。绿色施工也强调对施工噪音的控制，以防止施工扰民。合理安排施工时间，实施封闭式施工，采用现代化的隔离防护设备，采用低噪音、低振动的建筑机械如无声振捣设备等是控制施工噪音的有效手段。

5.实施科学管理、保证施工质量

实施绿色施工，必须要实施科学管理，提高企业管理水平，使企业从被动地适应转变为主动地响应，使企业实施绿色施工制度化、规范化。这将充分发挥绿色施工对促进可持续发展的作用，增加绿色施工的经济性效果，增加承包商采用绿色施工的积极性。企业通过ISO14001认证是提高企业管理水平，实施科学管理的有效途径。

实施绿色施工，尽可能减少场地干扰，提高资源和材料利用效率，增加材料的回收利用等，但采用这些手段的前提是要确保工程质量。好的工程质量，可延长项目寿命，降低项目日常运行费用，利于使用者的健康和安全，促进社会经济发展，本身就是可持续发展的体现。

（二）施工要求

第一，在临时设施建设方面，现场搭建活动房屋之前应按规划部门的要求取得相关手续。建设单位和施工单位应选用高效保温隔热、可拆卸循环使用的材料搭建施工现场临时设施，并取得产品合格证后方可投入使用。工程竣工后一个月内，选择有合法资质的拆除公司将临时设施拆除。

第二，在限制施工降水方面，建设单位或者施工单位应当采取相应方法，隔断地下水进入施工区域。因地下结构、地层及地下水、施工条件和技术等原因，使得采用帷幕隔水方法很难实施或者虽能实施，但增加的工程投资明显不合理的，施工降水方案经过专家评审并通过后，可以采用管井、井点等方法进行施工降水。

第三，在控制施工扬尘方面，工程土方开挖前施工单位应按《绿色施工规程》的要求，做好洗车池和冲洗设施、建筑垃圾和生活垃圾分类密闭存放装置、沙土覆盖、工地路面硬化和生活区绿化美化等工作。

第四，在渣土绿色运输方面，施工单位应按照要求，选用已办理"散装货物运输车辆准运证"的车辆，持"渣土消纳许可证"从事渣土运输作业。

第五，在降低声、光排放方面，建设单位、施工单位在签订合同时，注意施工工期安排及已签合同施工延长工期的调整，应尽量避免夜间施工。因特殊原因确需夜间施工的，必须到工程所在地区县建委办理夜间施工许可证，施工时要采取封闭措施降低施工噪声并尽可能减少强光对居民生活的干扰。

四、措施与途径

1.建设和施工单位要尽量选用高性能、低噪音、少污染的设备，采用机械化程度高的施工方式，减少使用污染排放高的各类车辆。

2.施工区域与非施工区域间设置标准的分隔设施，做到连续、稳固、整洁、美观。硬质围栏／围挡的高度不得低于2.5米。

3.易产生泥浆的施工，须实行硬地坪施工；所有土堆、料堆须采取加盖防止粉尘污染的遮盖物或喷洒覆盖剂等措施。

4.施工现场使用的热水锅炉等必须使用清洁燃料。不得在施工现场熔融沥青或焚烧油毡、油漆以及其他产生有毒、有害烟尘和恶臭气体的物质。

5.建设工程工地应严格按照防汛要求，设置连续、通畅的排水设施和其他应急设施。

6.市区（距居民区1000米范围内）禁用柴油冲击桩机、振动桩机、旋转桩机和柴油发电机，严禁敲打导管和钻杆，控制高噪声污染。

7.施工单位须落实门前环境卫生责任制，并指定专人负责日常管理。施工现场应设密闭式垃圾站，施工垃圾、生活垃圾分类存放。

8.生活区应设置封闭式垃圾容器，施工场地生活垃圾应实行袋装化，并委托环卫部门统一清运。

9.鼓励建筑废料、渣土的综合利用。

10.对危险废弃物必须设置统一的标识分类存放，收集到定量后，交有资质的单位统一处置。

11.合理、节约使用水、电。大型照明灯须采用俯视角，避免光污染。

12.加强绿化工作，搬迁树木须手续齐全；在绿化施工中科学、合理地使用农药，尽量减少对环境的污染。

五、实施绿色施工的意义

（一）绿色施工有利于保障城市的硬环境

要想实现整体提升城市面貌与形象，提升城市的整体形象，除了打造好必要的软环境，还必须通过有效措施提升城市的硬环境。这其中就要求在施工程有效落实绿色施工，保障好城市的硬环境秩序良好。

工程建设过程中对城市硬环境的影响主要表现在施工扬尘、施工噪音以及施工期对施工段局部生态环境暂时的影响。施工过程开挖路面，压占土地、植被和道路，局部生态环境受到影响。水土流失加重，施工过程的施工噪声、地面扬尘和固体废弃物对局部生态环境也有一定影响。

我们现以北京经济技术开发区为例，谈一下绿色施工对于保障城市的硬环境秩序良好的重要作用。

北京经济技术开发区位于中国北京东南亦庄地区，是北京市唯一同时享受国家级经济技术开发区和国家高新技术产业园区双重优惠政策的国家级经济技术开发区。作为首都东部发展带的重要节点新城，开发区的城市建设以及管理是全国、全市的先锋，起到了样板引路的作用。我们的目标是建设一个资源节约型、环境友好型城市，最终实现国际"宜业宜居"新城，打造一个高新技术产业中心、一个高端产业服务基地、一个国际"宜业宜居"的美丽城市。

目前开发区存在约 100 处施工现场，通过日常检查发现，大多数施工现场能够有效落实绿色施工，但仍然存在不足。主要问题集中在未按规定采取措施防止扬尘和未及时清运施工垃圾以及未对现场内裸露地面进行绿化、固化，出入口控制不好，造成车辆带泥驶出施工现场而造成路面污染等。

工地施工产生的环境污染，一定会影响开发区城市环境质量、空气质量。试想一下，如果不严格要求施工现场有效落实绿色施工，那么，我们还会有干净整洁的城市道路以及良好的城市环境质量和空气质量吗？

答案是可想而知的，因此，要想保障城市的硬环境秩序良好，我们必须要求建设工程有效做好绿色施工。

（二）绿色施工有利于保障带动城市良性发展

环境与经济发展是相互促进、相互反作用的。一方面，我们靠基本建设带动社会生产力，发展经济，另一方面，环境建设会对经济发展起反作用，如果我们的环境建设保护工作得到落实贯彻，那将会反促进经济发展，试想一下，开发区的环境建设好了，那一定会吸引更多的投资；若是相反，那可想而知。

开发区目前正是发展阶段，基本建设大力推动经济发展，但如果我们一味强调建设而忽略环境建设保护，那我们将得不偿失。总的来说，规范好开发区建设工程实施绿色施工，有利于保障我们开发区环境，有利于我们招商引资，有利于我们建设"宜居"城市。

因此，建设工程施工是否有效落实绿色施工对于经济发展与城市发展起到了不可忽视的作用。

（三）绿色施工在推动建筑业企业可持续发展中的重要作用

绿色施工是企业转变发展观念、提高综合效益的重要手段。绿色施工的实施主体是企业。首先，绿色施工是在向技术、管理和节约要效益。绿色施工在规划管理阶段要编制绿色施工方案，方案包括环境保护、节能、节地、节水、节材的措施，这些措施都将直接为工程建设节约成本。

其次，环境效益是可以转化为经济效益、社会效益的。建筑业企业在工程建设过程中，注重环境保护，势必树立良好的社会形象，进而形成潜在效益。比如在环境保护方面，如果扬尘、噪音振动、光污染、水污染、土壤保护、建筑垃圾、地下设施文物和资源保护等控制措施到位，将有效改善建筑施工脏、乱、差、闹的社会形象。企业树立自身良好形象有利于取得社会支持，保证工程建设各项工作的顺利进行，乃至获得市场青睐。所以说，企业在绿色施工过程中既产生经济效益，也派生了社会效益、环境效益，最终形成企业的综合效益。

第二节 绿色建筑与绿色施工

一、绿色施工与传统施工的区别

（一）绿色施工与传统施工的共同点

无论是绿色施工还是传统施工模式，都是具备符合相应资质等级的施工企业，通过组建项目管理机构，运用智力成果和技术手段，配置一定的人力、资金、设备等资源，按照设计图纸，为实现合同的成本、工期、质量、安全等目标，在项目所在地进行的各种生产活动，直到建成合格的建筑产品达到设计要求。

组成施工活动的五大要素相同：施工活动的对象——工程项目，资源配置——人力、资金、施工机械、材料等，实现方法——管理和技术，产品质量，施工活动要达到的目标。核心是施工活动的目标在不同时间段内容不同，由此决定了上述其他四要素的内容也发生了变化。比如，改革开放后我们开展的施工活动，其目标是质量、安全、工期、成本控制，也就是传统的施工方法，绿色施工要达到的目标是质量、安全、工期、成本和环境保护。

由此可见，绿色施工与传统施工的主要区别在于绿色施工目标要素中，要把环境和节约资源、保护资源作为主控目标之一。由此，就造成了绿色施工成本的增加，企业就可能面临一定的亏损压力。

（二）绿色施工与传统施工的不同点

出发点不同。绿色施工着眼于节约资源、保护资源，建立人与自然、人与社会的和谐，而传统施工只要不违反国家的法规和有关规定，能实现质量、安全、工期、成本目标就可以，尤其是为了降低成本，可能造成大量的建筑垃圾，以牺牲资源为代价，噪音、扬尘、堆放渣土还可能对项目周边环境和居住人群造成危害或影响。比如，对于有园林绿化的项目，在保证建设场地的情况下，施工单位在取得监理和甲方同意的情况下，可以提前进行园林绿化施工，从进场到项目竣工，整个施工现场都处于绿色环保的环境下，既减少了扬尘，同时施工中收集的幽水、中间水经过简单处理后就可以用来灌溉，不仅降低了项目竣工后再绿化的费用，也可以得到各方的好评，树立企业良好的形象。

实现目标控制的角度不同。为了达到绿色施工的标准，施工单位首先要改变观念，综合考虑施工中可能出现的能耗较高的因素，通过采用新技术、新材料，持续改进管理水平和技术方法。而传统施工着眼点主要是在满足质量、工期、安全的前提下，如何降低成本，至于是否节能降耗、如何减少废弃物和有利于营造舒适的环境就不是考虑的重点。绿色施工主要是在观念转变的前提下，采用新技术、更加合理的流程等来达到绿色的标准。比如，目前广泛推广的工业化装配式施工，就是一些主要的预制件事先加工好，在项目现场直接装配就可以，不仅节约了大量时间和人力成本，而且大大减少了扬尘及施工过程中的废弃物，经济效益显著。某集团仅用了 15 天时间就建造了 30 层高楼，就是采用工业化装配式生产方式，中间基本不产生废弃物。而传统施工方式盖 30 层高楼一般都需要一年半时间甚至两年，仅时间和人力成本就浪费了多少！由此可见，绿色施工带来的不仅是成本的节约、资源消耗降低，更是生产模式的改变带来了生产理念的变化。这是传统模式无法比拟的。

落脚点不同，达到的效果不同。在实施绿色施工过程中，由于考虑了环境因素和节能降耗，可能造成建造成本的增加，但由于提高了认识，更加注重节能环保，采用了新技术、新工艺、新材料，持续改进管理水平和技术装备能力，不仅对全面实现项目的控制目标有利，而且在建造中节约了资源，营造了和谐的周边环境，还向社会提供了好的建筑产品。传统施工有时也考虑节约，但更多地向降低成本倾斜，对于施工过程中产生的建筑垃圾、扬尘、噪音等就可能进行次要控制。近几年，在绿色施工的推动下，很多施工企业开展 QC 小组活动，一线科技工作者针对施工中影响质量的关键环节进行技术攻关，取得了可喜可贺的成绩，在此基础上形成了国家级工法、省部级工法、专利以及企业标准，这些技术攻关活动使施工质量大大提高，减少了残次品，而且由于技术攻关，减少了浪费和返工，提高了质量正品率，为项目减少亏损做出了贡献。

受益者不同。绿色施工受益的是国家和社会、项目业主，最终也会受益于施工单位。传统施工首先受益的是施工单位和项目业主，其次才是社会和使用建筑产品的人。比如，在进行地基处理时，由于目前大多都是高层或超高层建筑，地基处理深度较大，复杂性较高，传统施工就是将地下水直接排到污水井，而绿色施工基于节约资源的理念，考虑到城市中水资源紧缺，施工单位事先和市政管理部门联系，可以将大量地下水排放到中水系统，或者直接排入市内的人造湖，使地下水直接造福人类。但这样就会大大增加施工成本，项目部就需要从其他地方通过管理改善和技术创新降低成本，政府也可能会给予一定的补偿。但项目部因此会赢得社会的赞誉，对今后承揽项目带来益处。再比如雨水的回收利用。在施工过程中要大量使用水，城市普遍缺水，如果直接使用市政水，合情合理，无可厚非，但作为绿色施工，项目部就会根据条件在雨季收集雨水，用于项目施工。可能节约的费用并不多，但作为合理利用资源、减少资源浪费这样一个理念，人节约资源，能给社会带来福音，这就是我们倡导的绿色施工的理念，既使项目部受益，也给社会带来了效益。

从长远来看，绿色施工是节约型经济，更具可持续发展特征。传统施工着眼实际可评的经济效益，这种目标比较短浅，而绿色施工包括了经济效益和环境效益，是从可持续发展需要出发的，着眼于长期发展的目标。相对来说，传统施工方法所需要消耗的资源比绿色施工多出很多，并存在大量资源浪费现象，绿色施工提倡合理的节约，促进资源的回收利用、循环利用，减少资源的消耗。在整个建设和使用过程中，传统施工会产生并可能持续产生大量的污染，包括建筑垃圾、噪声污染、水污染、空气污染等，如在建筑垃圾的处理上传统施工多是直接投放自然处理，而绿色施工采用循环利用，相对来说污染较小甚至基本无污染,其建设和使用过程中所产生的垃圾通常采用回收利用的方法进行。在对污染的防治上,传统施工多是采用事后治理的方式,是在污染造成之后进行的治理和排除,绿色施工则是采用预防的方法,在污染之前即采用除污技术,减轻或杜绝污染的发生。总的来说,绿色施工可持续性远高于传统施工,能更好地与自然、与环境相协调。

因此,绿色施工强调的"四节一环保"并非以施工单位的经济效益最大化为基础,而是强调在保护环境和节约资源前提下的"四节",强调节能减排下的"四节"。对于项目成本控制而言,有时会增加施工成本,但由于全员节能降耗意识的普遍提高,"四节"的实现依靠采用新技术、新工艺,以及持续不断地改进管理水平和技术水平,以根本上来说,有利于施工单位经济效益和社会效益的提升,最终造福社会,从长远来说,有利于推动建筑企业可持续发展。

国家和行业协会已经出台了大量关于绿色建筑和绿色施工的政策法规和奖励办法,旨在强化节约型社会建设,使高消耗能源的建筑行业,通过转变观念、转型升级,创建人与自然、人与环境的和谐共处,通过管理提升和技术改进,不断提高企业竞争能力,促进企业的可持续发展。

新的生产方式为绿色施工提供了物质基础。工业化生产、装配式施工不仅大大缩短了工期,减少了劳动消耗,同时,对于传统施工中产生的大量废弃物,通过二次利用可以循环使用,减少了环境污染,提高了资源的利用率,大大降低了建造成本。

国家和地方建设主管部门为了促进建筑行业转型升级,淘汰落后的生产技术,强制推行新技术、新材料和新工艺,对改变落后产能起到了积极的促进作用。近几年来,经批准的国家和地方级工法、专利技术如雨后春笋,企业可以无偿或有偿使用这些工法、专利,用以提高施工质量,减少浪费,这些新技术、新材料等的推广使用就是绿色施工的物质基础。没有技术改进和新材料的使用,绿色施工就只能是局部改变,零敲碎打,无法从根本上降低由于考虑施工对环境的污染而增加的费用,一个不经济的绿色施工之路就不可能走得太远。

绿色施工首先是观念的更新,需要综合考虑质量、成本、工期、安全、环境保护和节约资源,它们是一个有机整体,需要依靠管理改进和技术改进,才能从根本上改变保护环境而增加的费用增加,减少亏损的压力。只有观念更新,才能达到人与环境、人与自然的和谐。而不是将这几个方面割裂开,否则只能算节约型工地,达不到绿色施工的全面改进。

各地建设主管部门为了倡导绿色施工,纷纷出台了一些优惠政策和奖励措施,同时,将绿色施工优秀项目作为申报优质工程、科技创新成果的一个重要参考(尚未作为要件),这对于企业开展绿色施工是很好的促进。

尽管绿色施工对社会和企业带来了很多好处,但仍然存在一些制约因素。由于在绿色工程实施过程中所处位置、利益着眼点、观念认识等方面的差异,绿色施工在实施过程中会受到很多不利因素的制约,有时还会产生纠纷,这就给绿色施工带来困扰。有些来自政府、项目部内部、甲方、监理以及项目周边居民等方面,但更多的是来自行业标准或者规范的滞后，企业采用的新材料、新工艺有一个认识的过程，在政府仍然对市场具有主导地位的情况下，没有相关政府部门的许可或者修订标准、规范，使用者和生产者都不敢轻易使用。其次，政府对污染、浪费监管力度的强弱，都会给绿色施工实施带来不同程度的影响。政府监管严，甲方就会加大投入，有利于施工企业采取绿色施工。政府监管弱，甲方和施工单位都会缺乏积极性，从而对绿色施工持消极态度。施工单位作为经济利益直接关系人，其最根本的目标是为了获取最大利润，这一目标也是整个项目运行的根本动力。通常来说，绿色施工会增加成本，其产品价格一般会高于非绿色施工产品价格，如果企业和个人没有树立正确的绿色理念，很容易造成负利润现象，使企业陷入困境，因此施工单位就会在绿色施工管理上出现较多的分歧。对于消费者来说，追求效用最大化，这就使绿色施工同传统施工一样存在着消费者和施工单位价值取向不同这一重要矛盾，极易因为消费者对绿色施工需要的不确定性，而使双方存在巨大差异无法协调，使绿色施工在实施过程中遇到困难。

二、绿色施工与绿色建筑的关系

国家标准《绿色建筑评价标准》中定义，绿色建筑是指在建筑的全寿命周期内，最大限度地节约资源、保护环境和减少污染，为人们提供健康、适用和高效的使用空间，与自然和谐共生的建筑。绿色建筑主要包括三方面内涵：1.主要强调建筑在使用周期内降低各种资源的消耗；2.保护环境，主要强调建筑在使用周期内减少各种污染物的排放；3.营造"健康、适用和高效"的使用空间。

绿色施工与绿色建筑互有关联又各自独立，其关系主要体现为：1.绿色施工主要涉及施工过程，是建筑全生命周期中的生成阶段，而绿色建筑则表现为一种状态，为人们提供绿色的使用空间；2.绿色施工可为绿色建筑增色，但仅绿色施工不能形成绿色建筑；3.绿色建筑的形成，必须首先要使设计成为"绿色"，绿色施工关键在于施工组织设计和施工方案做到绿色；4.绿色施工主要涉及施工期间，对环境影响相当集中，绿色建筑事关居住者健康、运行成本和使用功能，对整个使用周期均有影响。

三、绿色施工推进

（一）绿色施工推进现状

1.我国推进绿色施工的进展

（1）以"节能降耗"为重点的绿色建筑工作进展

我国的绿色建筑推进主要是以节能降耗为突破口逐步展开的。主要工作包括：1）建立节能推进机构—墙改办，对墙体节能起到了促进作用；2）发布《民用建筑节能管理规定》，标志着法规制度建立的起步；随后发布《公共建筑节能设计标准》《绿色建筑评价标准》等15部规范规程，初步形成我国推进绿色建筑的标准体系；3）相继启动建筑节能和绿色建筑及评价工作，起到了明显的示范效果和带动作用；4）建立广泛的国际合作，引进许多较为先进的工程建设绿色标准，对我国绿色建筑标准的制定起到了借鉴作用。

（2）绿色施工推进总体情况

立足于建筑工程绿色施工推进，我们所取得的成绩主要包括：1）绿色施工理念已初步建立，业内工作人员已经意识到绿色施工的重要性，并在逐步推进绿色施工；2）在建设部的主导下，绿色施工相关技术和政策研究已在一些企业逐步展开，有效支撑并推动了绿色施工的开展；3）绿色施工示范工程逐步确立并运行，截至目前中国建筑业协会批准了多批示范工程，起到了明显的示范和带动作用；4）指导绿色施工评价和评比的《建筑工程绿色施工评价标准》已经发布实施，有力推进了绿色施工进程；5）《建筑工程绿色施工规范》已进入征求意见稿阶段，建立在绿色技术推进基础上的工程施工已有明显成效。

2. 绿色施工推进存在的问题

我国在推进建筑工程绿色施工方面取得了初步成效，但仍存在较为突出的问题，包括绿色施工推进深度和广度不足，概念理解多、实际行动少，管理和技术研究不够深入等。

（1）建筑材料和施工机械尚存在很多不绿色的情况

建筑材料和施工机械的绿色性能评价和使用，是实现绿色施工的基本条件。目前，我国工程施工所采用的材料和机械种类繁多，但对建筑材料和施工机械的绿色性能评价技术和标准尚未形成；现阶段使用的大部分施工设备仅能满足生产功能要求，其耗能、噪声排放等指标仍比较落后。

（2）许多现行施工工艺难以满足绿色施工的要求

绿色施工是以节约资源、降低消耗和减少污染为基本宗旨的"清洁生产"。然而目前施工过程中所采用的施工技术和工艺仍是基于质量、安全和工期为目标的传统技术，缺乏综合"四节一环保"的绿色施工技术支撑，少有针对绿色施工技术的系统研究，围绕建筑工程的地基、基础、主体结构、装饰、安装等环节的绿色技术研究多处于起步阶段。

（3）市场主体职能不明确，激励机制不健全

市场主体各方对绿色施工的认知尚存在较多误区，往往把绿色施工等同于文明施工。政府、投资方及承包商各方尚未形成"责任清晰、目标明确、考核便捷"的政策、法规和促进实施体系，使绿色施工难以落实到位。同时，我国尚缺乏绿色施工推进的激励机制。不乏建筑企业具有推进绿色施工的热情，然而在成本控制的巨大压力下，也只能望而却步，阻碍了绿色施工推进。

（4）工业化和信息化施工水平不高

工业化和信息化是改造传统建筑业和提升绿色施工水平的重要途径。我国建筑业工业化水平不高，产品质量受环境影响较大，现场湿作业量大，工人作业条件较差，劳动强度较大；信息化施工推进步伐较慢，目前尚处于艰难求索阶段。这些均已成为阻碍我国绿色施工推进的重要难题。

3. 绿色施工推进建议

建筑业推进绿色施工面临的困难和问题不少，因此，迅速造就全行业推进绿色施工的良好局面，是摆在政府、建筑行业和相关企业面前迫切需要解决的问题。绿色施工不能仅限于概念炒作，必须着眼于政策法规保障、管理制度创新、四新技术开发、传统技术改造，促使政府、业主和承包商多方主体协同推动，方能取得实效。

（1）进一步加强绿色施工宣传和教育，强化绿色施工意识

世界环境发展委员会指出：未能克服环境进一步衰退的主要原因之一，是全世界大部分人尚未形成与现代工业科技社会相适应的新环境伦理观。在我国，建筑业从业人员虽已认识到环境保护形势严峻，但环境保护的自律行动尚处于较低水平；同时，对绿色施工的重要性认识不足，这在很大程度上影响了绿色施工的推广。因此，利用法律、文化、社会和经济等手段，探索解决绿色施工推进过程中的各种问题和困难，广泛进行持续宣传和职工教育培训，提高建筑企业和施工人员的绿色施工认知，进而调动民众参与绿色施工监督，提高人们的绿色意识是推动绿色施工的重中之重。

（2）建立健全法规标准体系，强力推进绿色施工

对于具体实施企业，往往需要制定更加严格的施工措施、付出更大的施工成本，才能实现绿色施工，这是制约绿色施工推进的主要原因。绿色施工在部分项目进行试点推进是可能的；但要在面上整体、持续推进，必须制定切实措施，建立强制推进的法律法规和制度。只有建立健全基于绿色技术推进的国家法律法规及标准化体系，进一步加强绿色施工实施政策引导，才能使工程项目建设各方各尽其责，协力推进绿色施工，才能使参与竞争者处于同一基点，为相同目标付出相同成本而竞争，才能解决推进过程中的成本制约，促使企业持续推进绿色施工，实现绿色施工的制度化和常态化。

（3）各方共同协作，全过程推进绿色施工

系统推进绿色施工，主要可从以下几方面着手：1）政策引导，政府基于宏观调控的有效手段和政策，系统推出绿色施工管理办法、实施细则、激励政策和行为准则，激励和规范各方参与绿色施工活动；2）市场倾斜，逐渐淘汰以工期为主导的低价竞标方式，培育以绿色施工为优势的建筑业核心竞争力；3）业主主导，工程建设的投资方处于项目实施的主导位置，绿色施工须取得业主的鼎力支持和资金投入才能有效实施；4）全过程推进，施工企业推进绿色施工必须建立完整的组织体系，做到目标清晰、责任落实、管理制度健全、技术措施到位，建立可追溯性的见证资料，使绿色施工切实取得实效。

（4）增设绿色施工措施费，促进绿色施工

推进绿色施工有益于改善人类生存环境，是一件利国利民的大事。但对于具体企业和工程项目，绿色施工推进的制约因素很多，且成本增加较大。因此，借鉴"强制设置人防费"的政策经验，可由政府主管部门在项目开工前向业主单位收取"绿色施工措施费"。绿色施工达到"优良"标准，将绿色施工措施费全额拨付给施工单位；达到"合格"要求，可拨付70%；否则，绿色施工措施费全额收归政府，用于污染治理和环境保护。这项政策

一旦实施，必将提升绿色施工水平，改善生态环境。

（5）开展绿色施工技术和管理的创新研究和应用

绿色施工技术是推行绿色施工的基础。传统工程施工的目标只有工期、质量、安全和企业自身的成本控制，一般不包含环境保护的目标；传统施工工艺、技术和方法对环境保护的关注不够。推进绿色施工，必须对传统施工工艺技术和管理技术进行绿色审视，依据绿色施工理念对其进行改造，建立符合绿色施工的施工工艺和技术标准。同时，全面开展绿色施工技术的创新研究，包括符合绿色理念的四新技术、资源再生利用技术、绿色建材、绿色施工机具的研究等，并建立绿色技术产学研用一体化的推广应用机制，以加速淘汰污染严重的施工技术和工艺方法，加快施工工业化和信息化步伐，有效推进绿色施工。

（二）推进绿色施工的迫切性和必要性

1. 建筑施工行业现行的一些做法不符合绿色原则

在施工过程中还存在着一些问题。（1）民用建筑特别是住宅工程粗、精装修分离，拆除量巨大；场地硬化过当，且少有循环使用。造成建筑废弃物排量增加，据统计，建筑施工垃圾占城市垃圾总量的 30%~40%；每 1 万 ㎡ 的住宅施工，建筑垃圾量达 500~600t。（2）施工粉尘排放居高不下，施工粉尘占城区粉尘排放量的 22%。（3）施工过程噪音及光污染并未得到妥当解决。（4）我国现场在使用的施工设备有相当一部分仅能满足生产功能简单要求，其耗能、噪声排放等指标仍然比较落后。

2. 施工相关方主体职能尚存在不到位的问题

市场主体各方对绿色施工的认知尚存在较多误区，往往把绿色施工等同于文明施工，政府、投资方及承包商各方尚未形成"责任清晰、目标明确、考核便捷"的法规和评价及实施标准规范，因而绿色施工难以落实到位。

3. 激励制度有待建立健全

市场无序竞争往往演化为价格战。不乏建筑业企业具有高涨的推进绿色施工热情，然而在成本控制的巨大压力下，也只能望而却步。因此，制定强有力的支持绿色施工的政府激励机制，是推进绿色施工的重要举措。

4. 约束性机制不到位

一方面，由于关于绿色施工的规定仅仅停留在政府倡导阶段，绿色施工标准对于施工方还未形成明显的压力。施工工地由于各方面原因，未在实践中实施绿色施工。作为对施工工地的处罚主体，国家没有健全的、具体的量化性依据，城管部门很难依照绿色施工的"标准"要求施工企业。另一方面，现阶段，施工工地检查存在"多头执法"的问题。

作为对施工工地享有三十多项处罚权的城管部门，却没有决定权，最终决定施工工地"生死"的审批权却属于建委部门。城管对施工企业的约束力大打折扣。

综上所述，建筑施工行业推进绿色施工面临的困难较大，迅速造就一个全行业推进绿色施工的良好局面，是摆在政府、建筑行业和相关部门面前迫切需要解决的难题。

第三节 绿色施工与相关概念的关系

一、绿色施工与清洁生产

绿色施工的理论基础就是清洁生产。清洁生产的概念来源于20世纪80年代末期，面对环境日趋恶劣、资源日趋短缺的局面，工业发达国家在对其经济发展过程进行反思的基础上，认识到不改变大量消耗资源和能源来推动经济增长的传统模式，单靠一些补救的环境保护措施，是不能从根本上解决环境问题的，解决的办法只有从源头着手。为此，工业发达国家的工业污染控制战略出现了重大变革，其核心内容就是以预防污染战略取代以末端治理为主的污染控制政策，美国环保局最初称之为"废物最少化"，联合国环境规划署称之为"清洁生产"。

联合国环境署对清洁生产的定义是：清洁生产是指将综合预防的环境策略持续应用于生产过程和产品之中，以期减少对人类和环境的风险。对生产过程，清洁生产包括节约原材料和能源，淘汰有毒原材料并在全部排放物和废物离开生产过程之前，减少它们的数量和毒性。对产品而言，清洁生产策略旨在减少产品在整个生命周期中从原料提炼到产品的最终处置对人类和环境的影响。对清洁生产的定义是：清洁生产是指既可满足人们的需要，又可合理使用自然资源和能源并保护环境的实用生产方法和措施。其实质是一种物料和能源最少的人类生产活动的规划和管理，将废物减量化、资源化和无害化，或消灭于生产过程之中。同时对人体和环境无害的绿色产品的生产亦将随可持续发展进程的深入而日益成为今后产品生产的主导方向。清洁生产的定义涉及两个全过程控制，即生产过程和产品整个生命周期的循环过程。《中华人民共和国清洁生产促进法》对清洁生产的定义是：清洁生产是指不断采取改进设计、使用清洁的能源和原料、采用先进的工艺与设备、改善管理、综合利用等措施，从源头消减污染，提高资源利用效率，减少或者避免生产、服务和产品使用过程中污染物的生产和排放，以减轻或者消除对人类健康和环境的危害。美国是世界上较早提出并实施清洁生产的国家，在1984年通过的《资源保护与回收法——有害和固体废物修正案》中提出，要在可能的情况下，尽量减少废物的产生；美国环保局颁布的《废物最小化机会评价手册》，系统描述了采用清洁生产工艺（少废、无废工艺）的技术可能性，并给出了不同阶段的评价程序和步骤；在最初"废物最小化"的基础上，美国国会通过了《污染预防法》，其目的是把减少和防止污染源的排放作为美国环境政策的核心，要求环保局从信息收集、工艺改革、财政扶持等方面来支持实施该法规，推进清洁生产工作。加拿大政府通过广泛的政策协调，将清洁生产与污染预防紧密结合起来，并形成了有效的政策体系。如在由联邦、各省和地区政府采纳的加拿大空气质量管理综合框架中，将污染预防原则纳入了各项原则中，规定防治与纠正行动将建立在预防原则、可靠的科学性等的基础上；将环境、经济和社会问题紧密地结合起来，从多角度考虑问题，制定了相应的清洁生产政策和法规，使政策的实施发挥了应有的作用，有效地避免了负面影响。

（一）绿色施工清洁生产的环境影响因素

建筑业是以消耗大量自然资源并造成沉重的环境负面影响为代价的，据统计，建筑活动使用了自然资源总量的 40%、能源总量的 40%，而造成的建筑垃圾也占人类活动产生垃圾总量的 40%。因此，在建筑领域中推行绿色施工清洁生产技术，将对人类实现可持续发展发挥极其重要的作用。通过对建设项目施工过程的环境因素识别，可以得出目前在建筑行业影响绿色施工清洁生产的主要环境因素。

1. 大气污染

在建筑企业生产和运输过程中，大量粉尘的生产，化学建材中塑料的添加剂、助剂和涂料中的溶剂以及黏结剂中有毒物质的挥发，都对大气带来各种污染。

2. 垃圾污染

建筑垃圾是在建（构）筑物的建设、维修、拆除过程中产生的，包括新建工程施工的废弃料和旧建筑拆除的残骸料，大多为固体废弃物。它们分为拆除建筑物时产生的垃圾和建造建筑物时产生的垃圾。建筑物所产生的垃圾成分主要有：弃土、渣土；砖石和混凝土碎块；钢筋、铁件；金属边角料、沥青、竹木材、废塑料；各种包装材料和其他废弃物等。这些大量的建筑垃圾不仅占用土地，而且污染环境。

3. 建筑机械发出的噪音和强烈振动

废水、废气、废渣和噪声，已成为城市的四大污染。建筑施工中建筑机械发出的噪声和强烈的振动对人的听觉、神经系统、心血管、肠胃功能都会造成损害，严重影响人体健康。

4. 高层建筑的光污染

城市高层建筑的光污染是指高档商店和建筑物用大块镜面式铝合金装饰的外墙、玻璃幕墙等形成的光污染现象。20 世纪 80 年代以来，建筑物装饰热在中国骤然兴起，许多商厦、办公楼都纷纷安装了玻璃幕墙。玻璃幕墙无框架，采用镀膜玻璃，它表面光滑明亮如镜子，具有较强的聚光和反光效果，在阳光的照耀下，发射出耀眼的光芒。据中国建筑装饰铝制品协会调查，目前我国装饰玻璃幕墙面积已超过 300 万 ㎡。而高层建筑装上镀膜玻璃后，其反光率为 15%~38%，刺眼的光束足以破坏人眼视网膜上的感光细胞，影响人的视力，也容易灼伤人的皮肤，造成严重的光污染。

5. 可能造成的放射性污染

有些矿渣、炉渣、粉煤灰、花岗岩、大理石放射性物质超量。据有关部门测试，天然大理石近 30% 放射性超标，制成的建筑制品对人体造成外照射（X 射线）和内照射（氧气吸入）的伤害。

（二）绿色施工清洁生产的对策

在建设项目实施过程中，施工阶段既是项目规划、设计的实现过程，又是大规模的改变自然生态环境、消耗自然资源的过程，因此，对这一过程的环境因素进行控制和管理，提倡以节约能源、降低消耗、减少污染物的产生量和排放量为基本宗旨的"清洁生产"，对于推行建筑业的可持续发展战略，推广绿色建筑有着不可忽视的作用。根据绿色奥运建筑评估体系的内容及清洁生产的概念，绿色施工可以定义为"通过切实有效的管理制度和工作制度，最大限度地减少施工活动对环境的不利影响，减少资源与能源的消耗，实现可持续发展的施工技术"。现阶段在我国实施绿色施工清洁生产的对策主要有以下四个方面。

1. 使用绿色建材，减少资源消耗

绿色建材是采用清洁生产技术，少用原生天然资源和能源，尽量使用工农业或城市固态废弃物生产的无毒害、无污染、无放射性、达到使用周期后，可回收利用，有利于环境保护的建筑材料。绿色建材是维护人体健康、保护环境的有益材料，它从源头上就注意消除污染，并始终贯彻在生产、施工、使用及废弃物处理等的全过程中。

为了减少施工过程中材料和资源的消耗，临时设施充分利用旧料和现场拆迁回收材料及可循环利用的材料；周转材料、循环使用材料和机具应易于回收和再利用；减少现场作业与废料；减少建筑垃圾，充分利用废弃物。就地取材，充分利用本地资源，减少运输对环境造成的影响。使用绿色建材，选择经评定的绿色建筑材料，严格控制施工建材和辅材的有害元素限量。

2. 清洁施工过程，控制环境污染

在施工过程中应严格遵循国家和地方的有关法规，减少对场地地形、地貌、水系、水体的破坏和对周围环境的不利影响，严格控制噪声污染、光污染以及大气污染。采用清洁生产技术，制定节能措施，改进施工工艺，提高施工过程中能源利用效率，节约能源，减少对大气环境的污染。

3. 加强施工安全管理和工地卫生文明管理

在施工过程中要保护施工人员的安全与健康。要合理布置施工场地，施工期间采取有效的防毒、防污、防尘、防潮、通风等措施，加强施工安全管理和工地卫生文明管理。

4. 政策引导

政府制定有关促使绿色施工清洁生产的法律、法规，依法要求施工企业和有关部门实施绿色施工清洁生产技术；制定绿色施工清洁生产的标准、考核指标及相关的统计制度，制定绿色施工企业的绿色施工评价体系，制定引导施工企业创建绿色施工的激励和处罚政策；同时应加强对施工企业全体员工进行绿色施工清洁生产意义的宣传，提高施工企业贯彻实施绿色施工清洁生产的积极性和自觉性，开展绿色施工检查、评比活动，对达标的施工企业，给予奖励，对不达标的施工企业，限期整改。

二、绿色施工与可持续发展

（一）环境保护技术

1. 扬尘控制

（1）运送土方、垃圾、设备及建筑材料等，不污损场外道路。运输容易散落、飞扬、流漏的物料的车辆，必须采取措施封闭严密，保证车辆清洁。施工现场出口应设置洗车槽。

（2）土方作业阶段，采取洒水、覆盖等措施，达到作业区目测扬尘高度小于1.5m，不扩散到场区外。

（3）结构施工、安装装饰装修阶段，作业区目测扬尘高度小于0.5m。对易产生扬尘的堆放材料应采取覆盖措施；对粉末状材料应封闭存放；场区内可能引起扬尘的材料及建筑垃圾搬运应有降尘措施，如覆盖、洒水等；浇筑混凝土前清理灰尘和垃圾时尽量使用吸尘器，避免使用吹风器等易产生扬尘的设备；机械剔凿作业时可用局部遮挡、掩盖、水淋等防护措施；高层或多层建筑清理垃圾应搭设封闭性临时专用道或采用容器吊运。

（4）施工现场非作业区达到目测无扬尘的要求。对现场易飞扬物质采取有效措施，如洒水、地面硬化、围挡、密网覆盖、封闭等，防止扬尘产生。

（5）构筑物机械拆除前，做好扬尘控制计划。可采取清理积尘、拆除体洒水、设置隔挡等措施。

（6）构筑物爆破拆除前，做好扬尘控制计划。可采用清理积尘、淋湿地面、预湿墙体、屋面敷水袋、楼面蓄水、建筑外设高压喷雾状水系统、搭设防尘排栅等综合降尘。

（7）在场界四周隔挡高度位置测得的大气总悬浮颗粒物（TSP）月平均浓度与城市背景值的差值不大于$0.08mg/m^3$。

2. 噪音与振动控制

（1）现场噪音排放不得超过相关规定。

（2）在施工场界对噪音进行实时监测与控制。

（3）使用低噪音、低振动的机具，采取隔音与隔振措施，避免或减少施工噪音和振动。

3. 光污染控制

（1）尽量避免或减少施工过程中的光污染。夜间室外照明灯加设灯罩，透光方向集中在施工范围。

（2）电焊作业采取遮挡措施，避免电焊弧光外泄。

4. 水污染控制

（1）施工现场污水排放应达到国家标准的要求。

（2）在施工现场应针对不同的污水，设置相应的处理设施，如沉淀池、隔油池、化粪池等。

（3）污水排放应委托有资质的单位进行废水水质检测，提供相应的污水检测报告。

（4）保护地下水环境。采用隔水性能好的边坡支护技术。在缺水地区或地下水位持续下降的地区，基坑降水尽可能少地抽取地下水；当基坑开挖抽水量大于 50 万 m^3 时，应进行地下水回灌，并避免地下水被污染。

（5）对于化学品等有毒材料、油料的储存地，应有严格的隔水层设计，做好渗漏液收集和处理。

5. 土壤保护

（1）保护地表环境，防止土壤侵蚀、流失。因施工造成的裸土，及时覆盖砂石或种植速生草种，以减少土壤侵蚀；因施工造成容易发生地表径流土壤流失的情况，应采取设置地表排水系统、稳定斜坡、植被覆盖等措施，减少土壤流失。

（2）沉淀池、隔油池、化粪池等不发生堵塞、渗漏、溢出等现象。及时清掏各类池内沉淀物，并委托有资质的单位清运。

（3）对于有毒有害废弃物如电池、墨盒、油漆、涂料等应回收后交有资质的单位处理，不能作为建筑垃圾外运，避免污染土壤和地下水。

（4）施工后应恢复施工活动破坏的植被（一般指临时占地内）。与当地园林、环保部门或当地植物研究机构进行合作，在先前开发地区种植当地或其他合适的植物，以恢复剩余空地地貌或科学绿化，补救施工活动中人为破坏植被和地貌造成的土壤侵蚀。

6. 建筑垃圾控制

（1）制订建筑垃圾减量化计划，如住宅建筑，每万平方米的建筑垃圾不宜超过 400 吨。

（2）加强建筑垃圾的回收再利用，力争建筑垃圾的再利用和回收率达到 30%，建筑物拆除产生的废弃物的再利用和回收率大于 40%。对于碎石类、土石方类建筑垃圾，可采用地基填埋、铺路等方式提高再利用率，力争再利用率大于 50%。

（3）施工现场生活区设置封闭式垃圾容器，施工场地生活垃圾实行袋装化，及时清运。对建筑垃圾进行分类，并收集到现场封闭式垃圾站，集中运出。

7. 地下设施、文物和资源保护

（1）施工前应调查清楚地下各种设施，做好保护计划，保证施工场地周边的各类管道、管线、建筑物、构筑物的安全运行。

（2）施工过程中一旦发现文物，立即停止施工，保护现场并通报文物部门并协助做好工作。

（3）避让、保护施工场区及周边的古树名木。

（4）逐步开展统计分析施工项目的 CO_2 排放量，以及各种不同植被和树种的 CO_2 固定量的工作。

（二）节材与材料资源利用技术

1. 节材措施

（1）图纸会审时，应审核节材与材料资源利用的相关内容，达到材料损耗率比定额损耗率降低 30%。

（2）根据施工进度、库存情况等合理安排材料的采购、进场时间和批次，减少库存。

（3）现场材料堆放有序。储存环境适宜，措施得当。保管制度健全，责任落实。

（4）材料运输工具适宜，装卸方法得当，防止损坏和遗洒。根据现场平面布置情况就近卸载，避免和减少二次搬运。

（5）采取技术和管理措施提高模板、脚手架等的周转次数。

（6）优化安装工程的预留、预埋、管线路径等方案。

（7）应就地取材，施工现场 500 公里以内生产的建筑材料用量占建筑材料总重量的 70% 以上。

2. 结构材料

（1）推广使用预拌混凝土和商品砂浆。准确计算采购数量、供应频率、施工速度等，在施工过程中动态控制。结构工程使用散装水泥。

（2）推广使用高强钢筋和高性能混凝土，减少资源消耗。

（3）推广钢筋专业化加工和配送。

（4）优化钢筋配料和钢构件下料方案。钢筋及钢结构制作前应对下料单及样品进行复核，无误后方可批量下料。

（5）优化钢结构制作和安装方法。大型钢结构宜采用工厂制作，现场拼装；宜采用分段吊装、整体提升、滑移、顶升等安装方法，减少方案的措施用材量。

（6）采取数字化技术，对大体积混凝土、大跨度结构等专项施工方案进行优化。

3. 围护材料

（1）门窗、屋面、外墙等围护结构选用耐候性及耐久性良好的材料，施工确保密封性、防水性和保温隔热性。

（2）门窗采用密封性、保温隔热性能、隔音性能良好的型材和玻璃等材料。

（3）屋面材料、外墙材料具有良好的防水性能和保温隔热性能。

（4）当屋面或墙体等部位采用基层加设保温隔热系统的方式施工时，应选择高效节能、耐久性好的保温隔热材料，以减小保温隔热层的厚度及材料用量。

（5）屋面或墙体等部位的保温隔热系统采用专用的配套材料，以加强各层次之间的黏结或连接强度，确保系统的安全性和耐久性。

（6）根据建筑物的实际特点，优选屋面或外墙的保温隔热材料系统和施工方式，例如保温板粘贴、保温板干挂、聚氨酯硬泡喷涂、保温浆料涂抹等，以保证保温隔热效果，并减少材料浪费。

（7）加强保温隔热系统与围护结构的节点处理，尽量降低热桥效应。针对建筑物的不同部位保温隔热特点，选用不同的保温隔热材料及系统，以做到经济适用。

4. 周转材料

（1）应选用耐用、维护与拆卸方便的周转材料和机具。

（2）优先选用制作、安装、拆除一体化的专业队伍进行模板工程施工。

（3）模板应以节约自然资源为原则，推广使用定型钢模、钢框竹模、竹胶板。

（4）施工前应对模板工程的方案进行优化。多层、高层建筑使用可重复利用的模板体系，模板支撑宜采用工具式支撑。

（5）优化高层建筑的外脚手架方案，采用整体提升、分段悬挑等方案。

（6）推广采用外墙保温板替代混凝土施工模板的技术。

（7）现场办公和生活用房采用周转式活动房。现场围挡应最大限度地利用已有围墙，或采用装配式可重复使用围挡封闭。力争工地临时房、临时围挡材料的可重复使用率达到70%。

（三）节水与水资源利用的技术

1. 提高用水效率

（1）施工中采用先进的节水施工工艺。

（2）施工现场喷洒路面、绿化浇灌不宜使用市政自来水。现场搅拌用水、养护用水应采取有效的节水措施，严禁无措施浇水养护混凝土。

（3）施工现场供水管网应根据用水量设计布置，管径合理、管路简捷，采取有效措施减少管网和用水器具的漏损。

（4）现场机具、设备、车辆冲洗用水必须设立循环用水装置。施工现场办公区、生活区的生活用水采用节水系统和节水器具，提高节水器具配置比率。项目临时用水应使用节水型产品，安装计量装置，采取针对性的节水措施。

（5）施工现场建立可再利用水的收集处理系统，使水资源得到梯级循环利用。

（6）施工现场分别对生活用水与工程用水确定用水定额指标，并分别计量管理。

（7）对混凝土搅拌站点等用水集中的区域和工艺点进行专项计量考核。施工现场建立雨水、中水或可再利用水的搜集利用系统。

2. 非传统水源利用

（1）优先采用中水搅拌、中水养护，尽可能收集雨水养护。

（2）处于基坑降水阶段的工地，宜优先采用地下水作为混凝土搅拌用水、养护用水、冲洗用水和部分生活用水。

（3）现场机具、设备、车辆冲洗、喷洒路面、绿化浇灌等用水，优先采用非传统水源，尽量不使用市政自来水。

（4）大型施工现场，尤其是雨量充沛地区的大型施工现场建立雨水收集利用系统，充分收集自然降水用于施工和生活中适宜的部位。

（5）力争施工中非传统水源和循环水的再利用量大于30%。

3. 用水安全

在非传统水源和现场循环再利用水的使用过程中，应制定有效的水质检测与卫生保障措施，确保避免对人体健康、工程质量以及周围环境产生不良影响。

（四）节能与能源利用的技术

1. 节能措施

（1）制定合理施工能耗指标，提高施工能源利用率。

（2）优先使用国家、行业推荐的节能、高效、环保的施工设备和机具，如选用变频技术的节能施工设备等。

（3）施工现场分别设定生产、生活、办公和施工设备的用电控制指标，定期进行计量、核算、对比分析，并有预防与纠正措施。

（4）在施工组织设计中，合理安排施工顺序、工作面，以减少作业区域的机具数量，相邻作业区充分利用共有的机具资源。安排施工工艺时，应优先考虑耗用电能的或其他能耗较少的施工工艺，避免设备额定功率远大于使用功率或超负荷使用设备的现象。

（5）根据当地气候和自然资源条件，充分利用太阳能、地热等可再生能源。

2. 机械设备与机具

（1）建立施工机械设备管理制度，开展用电、用油计量，完善设备档案，及时做好维修保养工作，使机械设备保持低耗、高效的状态。

（2）选择功率与负载相匹配的施工机械设备，避免大功率施工机械设备低负载长时间运行。机电安装可采用节电型机械设备，如逆变式电焊机和能耗低、效率高的手持电动工具等，以利节电。机械设备宜使用节能型油料添加剂，在可能情况下，考虑回收利用，节约用油量。

（3）合理安排工序，提高各种机械的使用率和满载率，降低各种设备的单位耗能。

3. 生产、生活及办公临时设施

（1）利用场地自然条件，合理设计生产生活及办公临时设施的体形、朝向、间距和窗墙面积比，使其获得良好的日照、通风和采光。南方地区可根据需要在其外墙窗设遮阳设施。

（2）临时设施宜采用节能材料，墙体、屋面使用隔热性能好的材料，减少夏天空调、冬天取暖设备的使用时间及耗能量。

（3）合理配置采暖、空调、风扇数量，规定使用时间，实行分段分时使用，节约用电。

4. 施工用电及照明

（1）临时用电优先选用节能电线和节能灯具，临电线路合理设计、布置，临电设备宜采用自动控制装置。采用声控、光控等节能照明灯具。

（2）照明设计以满足最低照度为原则，照度不应超过最低照度的20%。

（五）节地与施工用地保护的技术

1. 临时用地指标

（1）根据施工规模及现场条件等因素合理确定临时设施，如临时加工厂、现场作业棚及材料堆场、办公生活设施等的占地指标。临时设施的占地面积应按用地指标所需的最低面积设计。

（2）要求平面布置合理、紧凑，在满足环境、职业健康与安全及文明施工要求的前提下尽可能减少废弃地和死角，临时设施占地面积有效利用率大于90%。

2. 临时用地保护

（1）应对深基坑施工方案进行优化，减少土方开挖和回填量，最大限度地减少对土地的扰动，保护周边自然生态环境。

（2）红线外临时占地应尽量使用荒地、废地，少占用农田和耕地。工程完工后，及时对红线外占地恢复原地形、地貌，使施工活动对周边环境的影响降至最低。

（3）利用和保护施工用地范围内原有绿色植被。对于施工周期较长的现场，可按建筑永久绿化的要求，安排场地新建绿化。

3. 施工总平面布置

（1）施工总平面布置应做到科学、合理，充分利用原有建筑物、构筑物、道路、管线为施工服务。

（2）施工现场搅拌站、仓库、加工厂、作业棚、材料堆场等布置应尽量靠近已有交通线路或即将修建的正式或临时交通线路，缩短运输距离。

（3）临时办公和生活用房应采用经济、美观、占地面积小、对周边地貌环境影响较小，且适合施工平面布置动态调整的多层轻钢活动板房、钢骨架水泥活动板房等标准化装配式结构。生活区与生产区应分开布置，并设置标准的分隔设施。

（4）施工现场围墙可采用连续封闭的轻钢结构预制装配式活动围挡，减少建筑垃圾，保护土地。

（5）施工现场道路按照永久道路和临时道路相结合的原则布置。施工现场内形成环形通路，减少道路占用土地。

（6）临时设施布置应注意远近结合（本期工程与下期工程），努力减少和避免大量临时建筑拆迁和场地搬迁。

（六）节能减排

1. 节能减排的意义

我国经济快速增长，各项建设取得巨大成就，但也付出了巨大的资源和环境代价，经济发展与资源环境的矛盾日趋尖锐，群众对环境污染问题反映强烈。这种状况与经济结构不合理、增长方式粗放直接相关。不加快调整经济结构、转变增长方式，资源支撑不住，环境容纳不下，社会承受不起，经济发展难以为继。只有坚持节约发展、清洁发展、安全发展，才能实现经济又好又快发展。同时，温室气体排放引起全球气候变暖，备受国际社会广泛关注。进一步加强节能减排工作，也是应对全球气候变化的迫切需要，是我们应该承担的责任。节能减排是贯彻落实科学发展观，构建社会主义和谐社会的重大举措；是建设资源节约型、环境友好型社会的必然选择；是推进经济结构调整，转变增长方式的必由之路；是提高人民生活质量，维护中华民族长远利益的必然要求。

2.对节能减排的认识

项目部充分认识节能减排的重要性和紧迫性，真正把思想和行动统一到国家关于节能减排的决策和部署上来。要结合项目特点，把节能减排任务完成好，要采取有效措施，扎扎实实地开展工作。

3.狠抓节能减排落实

发挥项目部的施工主导作用，强化管理措施，就是要建立健全节能减排工作责任制和问责制，一级抓一级，层层抓落实，形成强有力的工作格局。

4.节能减排综合性工作方案

（1）主要目标

按照国家要求实现本项目最优节能减排目标。

（2）具体措施

与施工单位层层签订绿色施工、节能减排协议书，责任落实到人。

减少临时施工占地，施工项目完成后对破坏的临时用地进行恢复。

节约生产用水、生活用水，禁止随意排放污水。

采用新工艺、新技术、新方法，淘汰能耗大、污染大的施工工艺。

坚决杜绝积极性差、尾气排放不达标的机械设备入场。

生产用电尽量采用电网动力电，减少用电量。

禁止在施工区域随意丢弃工作垃圾和生活垃圾。

第二章 绿色建筑施工

绿色建筑是节约型的可持续发展建筑，不仅重视环境绿化和视觉美观，而且需要与我国国情和社会经济的发展相适应。"绿色建筑"理念的提出，给建筑设计和建筑技术带来了重大变革。这一理念引导我们在创造一个适合人们生活、工作和开展其他社会活动场所的同时，尽可能节约资源和提高资源利用率。本章主要讲述的就是绿色建筑施工。

第一节 绿色建筑施工概述

一、施工部署

（一）绿色施工方案的原则与意义

1. 最大限度地节约资源和能源，减少污染、保证施工安全，减少施工活动对环境造成的不利影响，把实现自然和社会的和谐发展，当成我们的责任予以贯彻落实。

2. 贯彻落实节材、节水、节能、节地和保护环境的技术经济政策，建设资源节约型、环境友好型社会，通过采用先进的技术措施和管理，最大限度地节约资源，提高能源利用率，减少施工活动对环境造成的不利影响。

3. 施工企业建立绿色施工管理，实施绿色施工是贯彻落实科学发展观的具体体现；是建设可持续发展的重大战略性工作；是建设节约型社会、发展循环经济的必然要求，是实现节能减排目标的重要环节，对造福子孙后代具有长远的重要意义。

（二）规划管理

项目经理依据已颁布的文献材料组织编制了《绿色施工组织设计》，使工程建设在保证安全、质量等基本要求下，通过施工组织设计、施工过程的严格控制与管理，最大限度地节约资源和减少对环境的不利影响，实现四节一环保（节材、节水、节能、节地和环境保护）以及施工人员的健康和安全。

（三）绿色施工的一般规定

1. 定期组织绿色施工教育培训，增强施工人员绿色施工意识；定期对施工现场绿色施工实施情况进行检查，做好检查记录。项目部综合办公室组织对进入施工现场的所有自有员工、工程承包单位的领导及所有施工人员进行绿色施工知识及有关规定、标准、文件和其他要求的培训并进行考核，特别注重对环境影响大（如产生强噪声、产生扬尘、产生污水、产生固体废弃物等）的岗位操作人员的培训，以保证这些操作人员具有相应的环保意识和工作能力。

2. 在施工现场的办公区和生活区应设置明显的有节水、节能、节约材料等具体内容的警示标识，并按规定设置安全警示标志。

3. 分包单位应服从总包单位的绿色施工管理，并对所承包工程的绿色施工负责。总包与进入施工现场的各工程承包方签订《环境、职业健康安全保护责任书》。

4. 管理人员及施工人员除按绿色规程组织和进行绿色施工外，还应遵守相应的法律、法规、规范、标准和集团公司的相关文件等。

二、主要施工管理措施

建设工程施工阶段严格按照建设工程规划、设计要求，通过建立管理体系和管理制度，采取有效的技术措施，全面贯彻落实国家关于资源节约和环境保护的政策，最大限度节约资源，减少能源消耗，降低施工活动对环境造成的不利影响，提高施工人员的职业健康安全水平，保护施工工作人员的安全与健康。

绿色施工原则内容包括：

做到四节：一要节约土地，二要节能，三要节水，四要节材与资源利用。

五个百分百：施工现场主要道路硬化、裸露场地覆盖或绿化100%；建筑拆除工程降尘100%；沙土覆盖100%；进出车辆冲洗车轮100%；噪声和光污染控制100%。

职业健康安全的主要内容：作业条件及环境安全；职业健康；卫生防疫。

（一）资源节约

1. 能源消耗

（1）节能措施

1）对施工人员进行教育，提高节能意识。

2）建立能源消耗台账，制定节能措施。

3）施工过程中要制定节能措施，采用高效节能的设备和产品，提高能源利用效率，减少对大气环境的污染。

4）设置专门的监督管理小组，指派专人负责监督检查节水、节电措施的实施，杜绝无谓的浪费。

5）对施工设备进行定期维护、保养，保证设备运转正常。

6）临时设施用电设备要使用标有"CCC"标记的合格产品。

7）施工条件允许，可利用建筑物的永久设施，如围墙、水电设施等。

（2）节能效果

1）制订节能计划，采取控制手段（主要为用电）。

2）施工现场用电计算应按实际用电负荷加系数的方法或按工程预算用电负荷适当进行调整。

3）办公和生活照明灯要采用先进的节能灯具，做到人离灯闭。电脑、打印设备等工作人员离开时要随手关机，以降低电消耗。

4）对电消耗量较大的工艺制定专项节能措施。

（3）能源优化

1）施工过程中应使用符合国家及地方有关规定的清洁能源或可再生能源，以清洁能源替代污染大的能源。

2）施工现场应优先利用可再生能源做临时设施。

2. 材料与资源

（1）材料选择

1）建筑工程使用的材料，应尽可能就地取材。建筑材料采购要制定明确的环保材料采购条款，对材料供应单位进行审核、比较、挑选。计算本地化材料比例，择其大者实施。

本地化材料比 a= 生产于距离施工现场 500km 之间的施工材料用量（t）/ 施工材料总用量（t）*100%

2）采取措施使用符合对环境无害，对人体健康没有影响的绿色建材。

3）严格控制临时设施用料，尽量利用旧料、现场拆卸回收的材料。

4）使用的模板、脚手板、安全网等周转材料要选择耐用，维护、拆卸方便，回收方便的材料。

5）施工中购入的主材、辅材应符合组织设计对使用绿色材料的要求。材料的各项指标应达到现行国家绿色建材标准要求。

6）装饰装修材料的购入，尽量选择经过法定检测单位认证的绿色材料，并应按照相关规范、规程要求，进行有害物质评定检查。

（2）材料节约

1）制定材料进场、保管、出库计划和管理制度。

2）材料合理使用，减少废料率，建立可再生废料的回收管理办法。

3）对废料进行二次选用，达到使用条件的要充分利用。

4）减少材料运输过程中材料的损耗率，加强施工过程材料可利用率。

5）周转材料注意维护，延长自有周转材料使用寿命。对租赁的周转材料依据施工周期，精确计算使用天数，不需用时及时退回租赁单位。

6）要回收利用施工过程中产生的建筑可再利用的材料。

7）比较实际施工材料消耗量与计算材料消耗量，提高节材率。

（3）资源再利用

1）对场地建设现状进行调查，对现有建筑、设施再利用的可能性和经济性进行分析。

合理安排工期，利用拟建道路和建筑物，减少资源能源消耗，提高资源再利用率，节约材料与资源。

①施工期间充分利用场地及周边现有或拟建道路。

②施工期间充分利用场地内原有的给水、排水、供暖、供电、燃气、电信等市政设施。

③施工期间临建设施充分利用场地内现有建筑物或拟建建筑物的功能，或使用便于拆卸、可重复利用的材料。

2）施工废弃物管理

①制订施工场地废弃物管理计划，对现场堆料场进行统一规划。对不同的进场材料设备进行分类，合理堆放和储存，并挂牌标明标识。重要设备材料利用专门的围栏和库房储存，并设专人管理。

②施工过程中，严格按照材料管理办法进行限额领料。对废料、旧料做到每日清理回收。

③对可回收利用的施工废弃物，将其直接再应用于施工过程中，或通过再生利用厂进行加工处理，再利用。

施工废弃物回收比例评价计算公式：

回收比例 β =[施工废弃物实际回收量（t）+ 可回收利用的施工废弃物总量（t）]*100%

（4）水资源保护

1）水资源节约

①要制定切实可行的施工节水方案和技术措施，加强施工用水管理，尽量做到回收重复利用。

②制订计划严格控制施工阶段用水量，比较实际施工用水量与定额计算用水量，按预算用水量下调 3% 为施工阶段总用水量。

③水消耗量较大的工艺制定专项节水措施，指派专人负责监督节水措施的实施，提高节水率。

④生产、生活要推广节水型水龙头和使用变频泵节水器具，实施有效的节水措施，降低用水量。

2）水资源利用

①对施工现场的污废水进行综合处理，回收利用；

②居住区和建筑排水设置废水回收设施，用于绿地浇灌；

③施工过程应充分利用雨水资源，可结合实际情况收集屋顶、地面雨水再利用，或通过采用可渗透的管材、路面材料使雨水能深入地层，保持水体循环。

（二）环境影响

1.场地环境保护

（1）工程开工前，应对施工场地所在地区的土壤环境现状进行调查，针对土壤情况提出对策，采取科学的保护或恢复措施，防止施工过程中造成土壤侵蚀、退化，减少施工活动对土壤环境的破坏和污染。

（2）施工总平面布置首先应考虑利用荒地、劣地、废地或已被污染的土地。施工现场物料堆放占用场地应紧凑，尽量节约施工用地，如果现场场地狭小，应选择第二场地堆放材料。材料堆放、加工以及工人宿舍等临时用地应尽量利用废地、荒地。

（3）施工中开挖的弃土，有场地堆放的应提前进行挖填平衡计算，尽量利用原土回填，做到土方量挖填平衡。挖出的弃土暂时无法回填利用的，应堆放在安全的、专用的场地上，同时进行覆盖保护。

（4）采取有效措施，防止由于地表径流或风化引起的场地内水土流失（如保护表层土、稳定斜坡、植被覆盖等）。在施工现场出入口和围墙边有条件的地方进行绿化或摆放盆花，美化环境，防止土体流失。

（5）采取有效措施，防止由雨水管道、地表径流和空气带来的杂质、颗粒所产生的沉淀物污染环境。

（6）对不可再生利用的施工废弃物的处理应符合国家及地方法律、法规要求，防止土壤和地下水被污染。

（7）危险品、化学品存放处和危险性废物堆放场应有严格的隔水层设计，做好渗漏液收集和处理工程，防止土壤被污染。

（8）对施工期间破坏植被，造成裸土的地块，及时覆盖沙石或种植速生草种，以减少大风天气对土壤的侵蚀。施工结束后，再恢复其原有植被或进行合理绿化。

2. 大气环境保护

（1）施工现场扬尘管理应严格遵守《中华人民共和国大气污染防治法》和地方有关法律、法规及规定。施工现场采取有效的防尘和降尘等保护措施。

（2）规划市区的施工现场，混凝土累计用量超过100立方米的工程，应当使用预拌混凝土；施工现场设置砂浆搅拌机，机棚必须封闭，并配备有效降尘防尘装置。

（3）水泥和其他易产生扬尘的细颗粒建筑材料应密闭存放保管，使用过程中要有防护措施。

（4）施工现场裸露地面要派专人负责洒水降尘。对大面积的裸露地面、坡面、集中堆放的土方应采用覆盖或固化的降尘措施，如绿化、喷浆、隔尘布遮盖、地面硬化或混凝土封盖等。

（5）施工现场设立垃圾站，垃圾实行分类管理，及时分拣、回收和清运现场垃圾。垃圾清运应按照批准路线和时间到指定的消纳场所倾倒。高层或者多层建筑清理施工垃圾，应搭设封闭式临时专用垃圾道或者采用容器吊运。

（6）遇有四级风以上天气不得进行土方回填、转运以及其他可能产生扬尘污染的作业施工。

（7）为了减少现场堆放的回填土过干产生粉尘，除应采取覆盖措施外，还应派专人定时洒水，土的含水率控制在 15%~25% 即可。

（8）清理模板内已绑扎好的钢筋中残留的灰尘和垃圾时要尽量使用吸尘器，不得使用吹风机等易产生扬尘的设备。

（9）在采用机械剔凿作业时，可用局部遮挡、掩盖或采取水淋等防护措施。作业人员必须按规定配备防护用品。

（10）施工现场建立洒水清扫制度，配备洒水设备，有专人负责。

（11）施工现场周围的围挡及大门等的设置应符合相关标准要求，围挡要保持清洁、严密。

三、绿色建筑与大数据的应用

1. 何为绿色建筑

绿色建筑就是最大限度地节约资源，保护环境和减少污染，为人们提供健康、适用和高效的使用空间，建造与自然和谐共生的建筑。在全国范围全面推广绿色建筑，对实现节能减排和推进生态文明建设具有重大意义。对于绿色建筑来说，注重技术的合理性和有效应用是首要的问题。根据我国实际国情，在进行绿色建筑设计的同时，不应追求各种技术的堆砌，而应因地制宜对各技术进行可行性分析后，选用经济且有效的适用技术体系，将绿色建筑设计与成本有机结合，使绿色理念真正落到实处。在设计时，需采用成熟的绿色建筑技术方案进行基础理念设计，体现绿色建筑的共性；采用独特的绿色建筑技术方案进行特色理念设计，体现绿色建筑"个性"。

2. BIM 的应用

BIM 全称为 Building Information Modeling，即建筑信息模型，是指通过建立一个虚拟的建筑，对实际项目的任何动作，首先在虚拟建筑上进行分析模拟，得到最优方案，从而提高工作效率，避免现场问题。BIM 技术的应用符合建筑科技的发展方向以及国家政策导向。将 BIM 应用到工程营造当中，能加强工程预控管理，增强专业服务能力，提高产品品质与开发效率，这一特点正契合绿色建筑的管理思路。

3. 大数据是 BIM 的基础

BIM 技术的研发与创造，都是基于一定的技术和信息累积。

大数据技术，或称巨量资料，指的是所涉及的资料量规模巨大到无法通过目前主流软件工具，在合理时间内达到撷取、管理、处理、并整理成为帮助企业经营决策更积极目的的资讯。而这一切不正是 BIM 技术迅速发展的基础吗？

造价云计算和大数据的结合一站式解决了工程造价从业人员所头疼的数据平台建设、数据存储、数据安全管理、数据标准化分类、数据分析等问题，形成工程造价大数据解决方案，这就是 BIM 中投资控制最基础、最核心的组成部分。

绿色建筑技术及产品的应用将大大提升住房产品的舒适性和环保性能，为业主提供更高品质的绿色生活。而在建筑科技实践过程中，通过 BIM 技术应用的不断完善和调整，对设计、工程管理要求的"取法极致"，也正是绿色建筑的理念体现。

第二节 地基及基础工程施工

一、常用的地基处理方法

地基处理就是按照上部结构对地基的要求，对地基进行必要的加固或改良，提高地基土的承载力，保证地基稳定，减少房屋的沉降或不均匀沉降，消除湿陷性黄土的湿陷性，提高抗液化能力等。常用的人工地基处理方法有换土垫层法、重锤表层夯实、强夯、振冲、砂桩挤密、深层搅拌、堆载预压、化学加固等方法。

1. 换土垫层法

当建筑物基础下的持力层比较软弱，不能满足上部荷载对地基的要求时，常采用换土垫层法来处理软弱地基。换土垫层法是先将基础底面以下一定范围内的软弱土层挖去，然后回填强度较高、压缩性较低，并且没有侵蚀性的材料，如中粗砂、碎石或卵石、灰土、素土、石屑、矿渣等，在分层夯实后作为地基的持力层。换土垫层按其回填的材料可分为灰土垫层、砂垫层、碎（砂）石垫层等。

（1）灰土垫层

灰土垫层是将基础底面下一定范围内的软弱土层挖去，用按一定体积比配合的石灰和黏性土拌和均匀后，在最优含水率情况下分层回填夯实或压实而成。适用于地下水位较低，基槽经常处于较干燥状态下的一般黏性土地基的加固。

（2）砂垫层和砂石垫层

砂垫层和砂石垫层是将基础下面一定厚度的软弱土层挖除，然后用强度较高的砂或碎石等回填，并经分层夯实至密实，作为地基的持力层，以起到提高地基承载力、减少沉降、加速软弱土层排水固结、防止冻胀和消除膨胀土的胀缩等作用。

2. 夯实地基法

锤击加固土层的厚度与单击夯击能有关，重锤夯实法由于锤轻、落点底，只能加固基土表面，而强夯法根据锤重和落点距，可以加固 5~10m 深的基土。

（1）重锤夯实法

重锤夯实法是用起重机械将夯锤提升到一定高度后，利用自由下落时的冲击能重复夯打击实基土表面，使其形成一层比较密实的硬壳层，从而使地基得到加固。适用于处理高于地下水位 0.8m 以上稍湿的黏性土、砂土、湿陷性黄土、杂填土和分层填土地基的加固处理。

（2）强夯法

强夯法是用起重机械将重锤（一般 8~30t）吊起从高处（一般 6~30m）自由落下，对地基反复进行强力夯实的地基处理方法。适用于处理碎石土、砂土、低饱和度的黏性土、粉土、湿陷性黄土及填土地基等的深层加固。

强夯所产生的振动和噪声很大，对周围建筑物和其他设施有影响，在城市中心不宜采用，必要时应采取挖防震沟（沟深要超过建筑物基础深）等防震、隔振措施。

3. 挤密桩施工法

（1）灰土挤密桩

灰土挤密桩是利用锤击将钢管打入土中，侧向挤密土体形成桩孔，将管拔出后，在桩孔中分层回填 2∶8 或 3∶7 灰土并夯实而成，与桩间土共同组成复合地基以承受上部荷载。

适用于处理地下水位以上、天然含水量 12%~25%、厚度 5~15m 的素填土、杂填土、湿陷性黄土以及含水率较大的软弱地基等。

（2）砂石桩

砂桩和砂石桩统称砂石桩，是指用振动、冲击或水冲等方式在软弱地基中成孔后，再将砂或砂卵石（或砾石、碎石）挤压入土孔中，形成大直径的由砂或砂卵（碎）石所构成的密实桩体，适用于挤密松散砂土、素填土和杂填土等地基，起到挤密周围土层、增加地基承载力的作用。

（3）水泥粉煤灰碎石桩

水泥粉煤灰碎石桩（简称 CFG 桩），是近年发展起来的处理软弱地基的一种新方法。它是在碎石桩的基础上掺入适量石屑、粉煤灰和少量水泥，加水拌合后制成的具有一定强度的桩体。

4. 深层密实法

（1）振冲法

振冲法，又称振动水冲法，是以起重机吊起振冲器，启动潜水电机带动偏心块，使振冲器产生高频振动，同时开动水泵，通过喷嘴喷射高压水流成孔，然后分批填以砂石骨料，借振冲器的水平及垂直振动，振密填料，形成的砂石桩体与原地基构成复合地基，以提高地基的承载力，减少地基的沉降和沉降差的一种快速、经济有效的加固方法。振冲桩适用于加固松散的砂土地基。

（2）深层搅拌法

深层搅拌法是利用水泥浆做固化剂，采用深层搅拌机在地基深部就地将软土和固化剂充分拌和，利用固化剂和软土发生系列物理、化学反应，使之凝结成具有整体性、水稳性好和较高强度的水泥加固体，与天然地基形成复合地基。

深层搅拌法适于加固较深、较厚的淤泥、淤泥质土、粉土和承载力不大于 0.12MPa 的饱和黏土和软黏土、沼泽地带的泥炭土等地基。

5. 预压法一砂井堆载预压法

砂井堆载预压是在含饱和水的软土或杂填土地基中用钢管打孔，灌砂设置一群排水砂桩（井）作为竖向排水通道，并在桩顶铺设砂垫层作为水平排水通道，先在砂垫层上分期加荷预压，使土中孔隙水不断通过砂井上升至砂垫层，排出地表，从而在建筑物施工之前，地基土大部分先期排水固结，减少了建筑物沉降，提高了地基的稳定性。适用于处理深厚软土和冲填土地基，多用于处理机场跑道、水工结构、道路、路堤、码头、岸坡等工程地基，对于泥炭等有机质沉积地基则不适用。

二、混凝土扩展基础和条形基础的施工

1. 在混凝土浇灌前应先进行基底清理和验槽，轴线、基坑尺寸和土质应符合设计规定。

2. 在基坑验槽后应立即浇筑垫层混凝土，宜用表面振捣器进行振捣，要求表面平整。当垫层达到一定强度后，方可支模、铺设钢筋网片。

3. 在基础混凝土浇灌前，应清理模板，进行模板预检和钢筋的隐蔽工程验收。对于锥形基础，应注意锥体斜面坡度的正确，斜面部分的模板应随混凝土浇捣分段支设并顶压紧，以防模板上浮变形，边角处的混凝土必须注意捣实。严禁斜面部分不支模，用铁锹拍实。

4. 基础混凝土宜分层连续浇筑完成。

5. 基础上有插筋时，要将插筋加以固定以保证其位置的正确。

6. 基础混凝土浇灌完，应用草帘等覆盖并浇水加以养护。

三、筏板基础（整片的基础）的施工

1. 施工前，如地下水位较高，可采用人工降低地下水位至基坑底不少于 500mm，以保证在无水情况下进行基坑开挖和基础施工。

2. 施工时，可采用先在垫层上绑扎底板、梁的钢筋和柱子锚固插筋，浇筑底板混凝土，待达到 25% 设计强度后，再在底板上支梁模板，继续浇筑完梁部分混凝土；也可采用底板和梁模板一次同时支好，混凝土一次连续浇筑完成，梁侧模板采用支架支承并固定牢固。

3. 混凝土浇筑时一般不留施工缝，必须留设时，应按施工缝要求处理，并应设置止水带。

4. 混凝土浇筑完毕，表面应覆盖和西水养护不少于 7d。

5. 当混凝土强度达到设计强度的 30% 时，应进行基坑回填。

四、箱形基础的施工

1. 基坑开挖，如地下水位较高，应采取措施降低地下水位至基坑底以下 500mm 处。当采用机械开挖时，在基坑底面标高以上保留 200~400mm 厚的土层，采用人工清槽。基

坑验槽后，应立即进行基础施工。

2. 施工时，基础底板、内外墙和顶板的支模、钢筋绑扎和混凝土浇筑，可采取分块进行，其施工缝的留设位置和处理应符合钢筋混凝土工程施工及验收规范有关要求，外墙接缝应设止水带。

3. 基础的底板、内外墙和顶板宜连续浇筑完毕。如设置后浇带（按设计要求或按施工组织设计要求不能一次浇注混凝土的位置可设置后浇带），应在顶板浇筑后至少 2 周再施工，使用比设计强度提高一级的细石混凝土。

4. 基础施工完毕，应立即进行回填土。

第三节 砌体工程绿色施工

一、施工概况

（一）墙体主要材料

主楼及车库墙体主要材料有蒸压加气混凝土砌块（以下称加气块）和轻质混凝土空心条板（以下称空心条板）两种。

墙厚为 200mm 的墙体均采用加气块砌筑，规格有 600×200×240mm、600×200×250mm 两种，当模数不满足洞口尺寸时采用蒸压灰砂砖（以下称灰砂砖）进行补砌，灰砂砖规格为 100×200×48mm。墙体材料耐火极限要求按照设计总说明执行。

墙厚为 100mm 的墙体采用空心条板，规格为 600×h×100mm，高度 h 可根据实际尺寸定制。空心条板的容重要求不大于 $8KN/m^3$。

其中托老所和社区服务中心两栋辅助功能用房地下部分外墙采用 360 厚混凝土多孔砖砌筑，地上部分外墙砌筑采用 290 厚自保温复合砌块，内墙采用 200 厚蒸压加气混凝土砌块。

所有二次结构中过梁、构造柱、抱框柱、混凝土带、坎台、挡水门槛等的混凝土强度等级均为 C25 细石混凝土，10mm 及以上钢筋采用 HRB400，8mm 及以下钢筋采用 HPB335，内墙砌筑砂浆采用 M5.0 专用砂浆，外墙砌筑砂浆采用 M10.0 专用砂浆。

蒸压加气混凝土砌块强度级别 A3.5，容重不大于 $625kg/m^2$，级别为（B）合格品，体积密度级别 B06。

（二）填充墙做法基本要求

墙体厚度 200mm 设置 2A6 拉结筋，墙体厚度大于 200 的每 120 厚设置一根拉 A6mm 结筋，竖向高度不大于 600mm 通长设置。

坎台仅在卫生间、厨房砌筑墙体和轻质条板隔墙下使用，高度为 200，宽度同墙宽。

其中轻质条板隔墙下的 100 宽坎台通过植 C10@500 钢筋与结构楼板固定，另增加 A6 水平筋一道。

砌体结构与主体结构之间的拉结采用植筋的方式进行连接，植筋范围包括过梁、构造柱、抱框柱、混凝土带、墙体拉结筋，钢筋植筋技术要求及验收应满足 JGJ145-2013 关于植筋章节的要求，植筋深度 10d。如遇墙下无梁楼板时，应满足钢筋最小保护层厚度。

构造柱（不包含托老所和社区中心地下夹层）设置：墙长大于 5m，需设置构造柱，构造柱与构造柱（或框架柱）间距不大于 4.5m，该部分见深化设计图纸。托老所和社区中心地下夹层构造柱留设参见结构设计图纸。

加气块外墙窗台下设置 150mm 高现浇混凝土带，混凝土带应延伸至与结构墙体拉结。

加气块墙（空心条板隔墙）与钢筋混凝土墙、柱、构造柱结合缝处以及空心条板隔墙之间为防止抹灰开裂，在抹灰层下和接缝处贴放钢丝网片，网片宽 300mm，沿结合缝居中通长设置。楼梯间的填充墙，应采用钢丝网砂浆面层加强。

门窗过梁可采用预制过梁，混凝土强度及配筋同现浇过梁，窗安装位置如为砌块墙体，每侧应设置 200*200*250（240）mm 预制混凝土块，竖向间距不宜大于 800mm，且至少保证 2 块。

所有管道井、强弱电间、设备间门的内侧均设置 200mm 高的现浇混凝土挡水门槛，宽度同墙宽，长度同门洞宽。

二、主要施工方法

（一）蒸压加气混凝土砌块施工

1. 试验送检情况

同品种、同规格、同等级的加气块，每 10000 块为一检验批，尺寸为 100*100*100mm。测试干密度，3 组 9 块；测试强度等级，3 组 9 块。

蒸压灰砂砖每 10 万块为一验收批，不足 10 万块按一批计，抽检数量为 1 组。

对同品种、同强度同等级连续进场的干混砌筑砂浆应以 500t 为一个检验批（JGJ T223-2010）；不足一个检验批的数量时，应按一个检验批计。每检验批应至少留置 1 组抗压强度试块，每组 3 个，尺寸为 70.7*70.7*70.7mm。干混砌筑砂浆宜从搅拌机出料口取样，破筑砂浆抗压强度试块的制作、养护、试压等应符合现行行业标准规定。

2. 施工工艺流程

施工准备→墙体线、标高线施放→设置皮数杆→植筋→验线、植筋验收→基层清理→浇筑混凝土坎台→砂浆搅拌→排砖摆底→砌筑（设置拉结筋）→混凝土构件（构造柱、过梁、混凝土带、抱框柱）施工→顶层斜砌→验收。

3. 材料要求

加气块的产品龄期不应小于 28 天，含水率宜小于 30%。

进场后的砌体材料要检查砖及砌块的产品合格证书、产品性能检测报告，进行见证取样送检，合格后方可使用。

加气块应保证较好的外形尺寸，对严重缺棱掉角（大于50mm）的砌块，物资部应拒收退回，材料现场搬运过程中要轻拿轻放，注重保护。

现场应尽量减少转运次数，要求现场责任工程师按照每层提出材料需用计划，样板间施工完成后应将材料精确到块，进料时按照施工层进行分配，避免多余的材料在层间进行搬运，造成材料损坏和浪费。

材料在楼层存放时不能集中堆放，以免超过楼板的允许荷载。运输及装卸过程中，严禁抛掷和倾倒。

材料进场后，按规格分别堆放整齐，堆置高度不超过2m。运输及存放过程中应防止雨淋。

本工程采用成品干混砌筑砂浆，进场后应提供原材检测报告和产品质量证明文件，现场的砂浆应按照砌筑工程量留置试块送检。

砂浆稠度宜为60~80mm。

二次结构混凝土采用商品混凝土，使用要求同主体结构，留置标准养护试块和同条件养护试块。

4. 施工工艺要点

加气块砌筑前当天对砌体表面喷水湿润，相对含水量40%~50%。现场需要切割时必须采用专用切割工具，严禁砍凿。样板间可以在施工层进行切割，大面积开始砌筑后，要在地面设置专用加工场，禁止在施工层进行切割作业。

墙体砌筑之前应按照设计尺寸进行排砖，并适当调整灰缝宽度（灰缝厚度不应大于15mm，饱满度不小于80%），设计好灰砂砖的砌筑皮数和位置，严禁随意留设。

加气块与结构相接处也要提前一天洒水湿润以保证砂浆与结构的黏结。

加气块砌筑时，砌块间相互上下错缝，搭接长度不宜小于200mm。

砌体填充墙砌至接近梁、板底时，应留一定空隙，待砌体变形稳定后（至少间隔7天）采用灰砂砖斜砌顶紧。

墙体与构造柱连接处宜砌成马牙槎，每坯砌块设置一个马牙槎，先退后进，马牙槎伸入墙体60~100mm、顶部马牙槎高度可为200~300mm。

正常施工条件下，每日砌筑高度宜控制在1.5m内。

砌筑时，每砌筑一坯砌块应校正一次，每层拉小线控制平直度，水平灰缝可用铺浆法砌筑，竖缝宜采用挤浆或加浆方法，使其砂浆饱满，严禁用水冲浆灌缝，不得出现透明缝、瞎缝、假缝，并注意应随砌随将舌头灰刮尽。灰缝应采用电工穿线管进行抹光。

转角处和交接处应同时砌筑，严禁无可靠措施的内外墙分砌施工。对不能同时砌筑而又必须留置的临时间断处应砌成斜槎，斜槎水平投影长度不应小于高度的2/3。当不能留斜槎时，除转角处外，可留直槎，但直槎必须做成凸槎。

填充墙与结构之间的拉结筋每两层砌块通长设置一道2A6拉结筋，竖向高度不大于600mm，端部1800弯钩。

二次结构钢筋与主体结构采用植筋方式拉结，植筋采用A级专用植筋胶，孔洞必须清理干净后灌胶植筋，植筋深度10d。植筋完成后3d内要求进行拉拔试验，轴向受拉非破坏承载力检验值为6KN。抽检钢筋在检验值作用下应基材无裂缝、钢筋无滑移宏观裂损现象，持续2min荷载值下降不大于5%。

砂浆采用干拌砂浆，随搅拌随使用，并在说明书要求的时间内使用完成，落地灰和过夜砂浆严禁加水后直接使用。

（二）混凝土空心条板施工

1. 进场材料检验

空心条板与辅料进场时应提交产品质量合格证、出场检验报告、有效期内的形势报告等文件。并对进场材料进行复检，复检主项目有空心条板抗压强度、砂浆粘接强度。复试合格后方可进行下道工序施工。

空心条板与辅料应由专人负责检查、验收，并将记录和资料归入工程档案，不合格的空心条板和辅料不得进入施工现场。

2. 施工工艺流程

材料检验→清理作业面→定位放线→确定安装顺序→立板→调位、顶紧和固定→连续安装→质量检查→封缝填实→清理垃圾

施工顺序：逐层进行安装施工，施工一层验收一层。

3. 空心条板安装步骤

定位放线：按结构图、建筑图、砌筑样板施工平面布置图标出空心条板安装线和门（窗）的位置，进行空心条板定位放线，经监理工程师验收合格后进行下道工序。

安装顺序：从主体结构（墙、柱）的一端向另一端顺序安装，有门洞时，可从洞口向两侧安装。

立板：立第一块板定位，在空心条板的企口处及顶面均匀满刮粘接材料，上下对准墨线立板。

调位、顶紧和固定：在立起的空心条板的下端，采用撬棍调整位置，在板的两侧对应打入木楔使空心条板向上顶紧，同时对板的位置和垂直度进行检查后微调定位，再在空心条板顶端安装加固钢角码（U形卡）固定。

连续安装：安排板图顺序安装第二块空心条板，在企口及顶面均匀涂刮好粘接材料，将板榫头对准榫槽拼接挤紧，同时调整墙面垂直度和平整度，合格后进行固定，随即清理面板，重复进行上述工序。板与板之间的接缝采用钢丝网铺贴，抗裂砂浆抹光。

质量检查：每面墙安装完毕及时检查墙面平整度、垂直度。已安装的空心条板，应稳定、牢固，不得撬动。

封缝填实：墙体与四周主体结构的空隙，铺贴钢丝网，用专用黏结剂填实。

4. 墙面裂缝处理

墙体与主体结构接缝、阴阳角接缝、门（窗）过梁板等接缝均应在安装固定后，用专用黏结剂填实、压平。墙体下部应采用 M10 专用砂浆黏结材料填实、压平，保养三天后，取出木楔并填实楔孔。

墙体与门、窗框接缝，线（管）槽等处的密封及防裂处理，应在其安装、回填完毕 7 天后进行。

空心条板接缝防裂处理应在墙体安装 7 天后进行，先用专用砂浆打底，再粘贴盖缝防裂钢丝网片。

墙面修补、清洁、整理宜在墙体安装、接缝处理完毕，干燥、稳定后进行。墙体不得有穿透通缝，表面不得有黏结材料、收缩裂纹和脱胶现象。

5. 关键部位处理措施

（1）配合好水电班组的管线定位工作，水电班组对管线、开关开槽开孔必须在空心条板安装 7 天以后进行。按照图纸要求弹好墨线，用切割机切割后再用锤凿开槽开孔。竖向布线沿着空心条板的芯孔布置，只需要开好上下线盒孔洞，线管从芯孔内穿行。横向开槽长度小于或等于墙体长度的二分之一。

（2）空心条板与结构柱、混凝土墙和其他墙体结合处应从地面向上 300~500mm 处开始设置第一道 U 型卡，第二道以上 U 型卡之间间距按 <1000mm 设置。使空心条板与主体结构牢固连接。

（3）每块空心条板顶部至少设置 2 个 L 型镀锌钢角码，射钉、射弹与结构梁、板牢固连接。

（4）门窗板的搁置点要保证有效宽度，≤ 1500mm 的门窗板两边的搁置点宽度要 ≥100mm，>1500mm 的门窗板两边的搁置点宽度要 2120mm。

（5）门窗洞口及墙体拐角处的空心条板，用素混凝土将靠近洞口及拐角处的洞口灌实，确保空心条板端头打入射钉时连接牢固。

（6）每一道墙体安装完成后，及时用专用砂浆填塞地缝。填缝前要清除垃圾杂物，喷水湿润，要从墙体两面塞紧塞实。成型后的地缝要与空心条板平面致，严禁高出墙面。

（7）固定空心条板的木楔要待砂浆强度达到 5MPa 才能拆出。夏季一般是 2~3 天，冬季 5~6 天，并用同强度等级的专用砂浆将空洞填实。

（8）空心条板之间的企口抹缝要待空心条板安装砂浆终凝以后才能开始，通常要 7 天以后再进行。钢丝网片要置于板缝中心，砂浆的完成面以下 2~3mm。

（9）对于墙体高度超过 3.2M 且低于 4.5M 的墙体安装，要采用错位接板，高低板错位 2500mm。上层接板要在下层墙体砂浆终凝以后进行。要注意接板与邻板之间砂浆的密实度、饱满度，高低板之间加设 L 型小角码连接，上部的接板设小角码与结构梁或结构板连接。

第四节 装饰工程绿色施工

一、施工概况

（一）确定总的施工程序

1. 建筑装饰工程施工程序一般有先室外后室内、先室内后室外及室内室外同时进行三种情况。应根据工期要求、劳动力配备情况、气候条件、脚手架类型等因素综合考虑。

2. 室内装饰的工序较多，一般是先做墙面及顶面，后做地面、踢脚，室内外的墙面抹灰应在装完门窗及预埋管线后进行；吊顶工程应在通风、水电管线完成安装后进行，卫生间装饰应在做完地面防水层、安装澡盆之后进行，首层地面一般留在最后施工。

（二）确定流水方向

单层建筑要定出分段施工在平面上的流水方向，多层及高层建筑除了要定出每一层楼在平面上的流向外，还要定出分层施工的施工流向，确定流水方向需要根据以下几个因素。

1. 建筑装饰工程施工工艺的总规律是先预埋、后封闭、再装饰。在预埋阶段，先通风、后水暖管道、再电气线路。封闭阶段，先墙面、后顶面、再地面；调试阶段，先电气、后水暖、再空调；装饰阶段，先油漆、后糊裱、再面板。建筑装饰工程的施工流向必须按各工种之间的先后顺序组织平行流水，颠倒工序就会影响工程质量及工期。对技术复杂、工期较长的部位应先施工。有水、暖、电、卫工程的建筑装饰工程，必须先进行设备管线的安装，再进行建筑装饰工程施工。

2. 建筑装饰工程必须考虑满足用户对生产和使用的需要。对要求急的应先进行施工，对于高级宾馆、饭店的建筑装饰改造，往往采用施工一层交一层的做法。

（三）如何确定施工顺序

施工顺序是指分部分项工程施工的先后顺序，合理确定施工顺序是编制施工进度计划、组织分部分项施工的需要，同时，也是为了解决各工种之间的搭接、减少工间交叉破坏，达到预定质量目标，实现缩短工期的目的。

1. 确定施工顺序需要考虑的因素

（1）遵循施工总程序，施工总体施工程序规定了各阶段之间的先后次序，在考虑施工顺序时应与之相适应。

（2）按照施工组织要求安排施工顺序并要符合施工工艺的要求。

（3）符合施工安全和质量的要求。如外装饰应在无屋面作业的情况下施工；地面应在无吊顶作业的情况下施工，大面积刷油漆应在作业面附近无电焊的条件下进行。

（4）充分考虑气候条件的影响。如雨季天气太潮湿不宜安排油漆施工；冬季室内装饰施工时，应先安门窗和玻璃，后做其他项目；高温不宜安排室外金属饰面板类的施工。

2.装饰工程施工顺序

（1）装饰工程分为室外装饰工程和室内装饰工程，室外装饰和室内装饰的施工顺序通常有先内后外、先外后内和内外同时进行三种顺序。具体选择哪种顺序，可根据现场施工条件和气候条件以及合同工期要求选定。通常外装饰湿作业、涂料等项施工应尽可能避开冬、雨季进行，干挂石材、玻璃幕墙、金属板幕墙等干作业施工一般受气候影响不大。外墙湿作业一般是自上而下（石材墙面除外），干作业一般采取自下而上进行。

（2）自上而下的施工通常是指主体结构工程封顶、做好屋面防水层后，从顶层开始，逐层往下施工。此种起点的优点是：新建工程的主体结构完成后，有一定的沉降时间，能保证装饰工程的质量；做好屋面防水层后，可防止在雨季施工时因雨水而影响装饰工程质量；自上而下的施工，各工序之间交叉少，便于组织施工；从上往下清理建筑垃圾也较为方便，缺点是不能与主体施工搭接，施工周期长。

（3）自下而上的起点流向，是指当结构工程施工到一定层后，装饰工程从最下一层开始，逐层向上进行。优点是工期短，特别是高层和超高层建筑工程其优点更为明显，在结构施工还在进行时，下部已经装饰完毕。缺点是工序交叉多，需要很好组织，并采取可靠的措施和成品保护措施。

（4）自中而下在自上而下的起点流向，综合了上述两者的优缺点，适用于新建工程的中高层建筑装饰工程。

（5）室内装饰施工的主要内容有：顶棚、地面、墙面装饰，门窗安装和油漆、固定家具安装和油漆，以及相应配套的水、电、风口（板）安装、灯饰、洁具安装等，施工顺序根据具体条件不同而不同。其基本原则是"先湿作业、后干作业"；"先墙顶、后地面"，"先管线、后饰面"，房间使用功能不同，做法不同施工顺序也不同。

（6）例如大厅施工顺序：搭架子→墙内管线→石材墙柱面→顶棚内管线→吊顶→线角安装→顶棚涂料灯饰、风口、烟感、喷淋、广播、监控安装→拆架子→地面石材安装→安门扇→墙柱面插座、开关安装→地面清理打蜡→交验。

二、装饰工程施工方法

选择装饰工程的施工方法时，应着重考虑影响整个单位工程的分部分项工程的施工方法、主要是选择重点的分部、分项工程。

（一）室内外水平运输、垂直运输

在进行建筑装饰工程施工时，一般来说室外水平运输主要采用手推车或人工运输。垂直运输应根据现场实际情况、条件和业主要求来确定，新建工程可利用室外电梯或利用井架解决垂直运输问题，室内外运输、垂直运输对施工进度、费用，甚至施工质量都有较大影响。

（二）脚手架选择

目前室内装饰工程采用人字金属与木梯或木梯搭木板，对于跨度大、建筑空间大的可采用桥式脚手架、移动脚手架、满堂脚手架等，室外采用桥式脚手架、立杆式钢管双排架、吊篮等居多，脚手架选择应注意安全、可靠、经济、方便使用，用于建筑装饰工程的脚手架，使用荷载要求满足 $200kg/m^2$。

1. 多立杆式脚手架

建筑装饰工程中大多采用扣件式钢管脚手架，单排扣件式或螺栓连接的钢管脚手架的搭设高度，不宜超过30m，小横杆在墙上的搁置长度不应小于24cm，不宜用于半砖墙、墙轻质空心砖墙，而且不能在砖砌体的砖柱，宽度小于74cm的窗间墙、梁和梁垫下及其左右各50cm范围内、门窗洞口两侧24cm范围内、转角处42cm范围内等地方留置脚手眼。

2. 吊挂式挑脚手架

吊挂式脚手架在外檐装饰中经常用到，吊挂式脚手架是通过特设的支撑点，利用吊索悬挂吊架或吊篮进行外檐装饰工程施工。

3. 外加工及加工方法

木制构件、木制饰物、石材等应充分发挥社会化大生产的优势，应尽可能地采用成品或半成品现场安装。批量化、专业化生产能降低成本，提高施工产品质量，木柜、木线、木窗台板、木踢脚、木门窗等应尽可能地采取场外加工制作，减少现场加工。不能在工厂加工需现场制作的，在加工方法上应尽量采取集中加工、批量加工以充分利用和节约材料，降低成本。

三、建筑装饰工程施工应注意的问题

1. 深化完善节点设计

装饰工程施工过程中，在责任工程师的组织领导下，安排专业技术人员对各部位节点进行深化设计，保证施工的可操作性，并符合业主和设计要求。

2. 组织专业施工队伍

装饰施工全部采用责任工程师领导下的专业班组的劳动组织形式。开工前，对各专业班组进行详细的技术交底、安全交底和必要的操作培训，施工中保持人员稳定。

3. 选择优良品质材料

装饰材料选材应配合好业主、设计的要求，不仅要保证装饰材料的质量和档次，而且要保证其色调、色泽，使人置身于家庭和宾馆的轻松温暖的环境和气氛中，置身于清新明快的环境中。

4. 坚持样板确认引路，强调放线大样复验

在工序开始前，制作样板，在样板得到业主、监理、设计认可后，总结样板的工艺做法和注意要点，对所有施工人员进行充分交底说明后，再推广使用，并严格按照样板标准

验收；任何分项工程，尤其是涉及多个专业交叉配合的工程，必须先行放线并复验，由各专业工种按线施工，避免位置、布置的冲突。

5.协调各方配合关系

装饰与机电安装专业分项多，又有其专业的特殊要求，因此作为总包要统筹安排，统一指挥，搞好工种之间的协调配合，合理安排交叉作业，确定统一的参照系，使工程整体合理进行。

6.贯彻质量管理体系，加强细部做法处理

健全三检，认真贯彻三检制，即自检、互检、工序交接检查，把事故或影响质量、影响效果的因素消灭在萌芽状态。技术资料要与工程进展保持一致，保证工程处于受控状态。工程细部是体现工艺水平和施工质量的最充分的地方，对装饰工程的边、角、接口等要给予高度重视，在技术交底中应详细说明，在施工过程中要注意纠正操作中的习惯性错误，保证细部干净利索、精细到位。

7.确保成品保护到位

装饰工程是所有工序的最后一道，完成后代表着工程的最终完成，也最直接地给人观感，一旦受到污染破坏，将无法弥补。因此，成品保护就显得尤为重要。应设专人负责成品保护工作，并针对不同部位不同材料做法，适当采用不同的保护措施。同时装饰材料、饰件及有饰面的构件，在运输、保管和施工过程中必须采取措施防止损坏和变形。

8.室内装饰工程的施工顺序应符合下列规定

（1）抹灰、饰面、吊顶和隔断工程，应待隔墙、钢木门窗框、暗装的管道、电线管和电器预埋件、预制混凝土楼板灌缝等完工后进行。

（2）钢木门窗、玻璃工程可在抹灰前进行，铝合金、涂色镀锌、钢板、塑料门窗、玻璃工程应在抹灰等湿作业完工后进行。

（3）在抹灰基层的饰面工程、吊顶和轻型花饰工程，应待抹灰工程完工后进行。

（4）涂料、刷浆工程，应在塑料、地毯和硬质纤维板楼、地面的面层和明装电线施工前，以及管道设备工程试压后进行，木地板面层的最后一遍涂料，应待裱糊工程完工后进行。

（5）裱糊工程，应待顶棚、墙面、门窗及建筑设备的涂料和刷浆工程完工后进行。

（6）室外抹灰和饰面工程的施工，一般应自上而下进行，干挂石材施工一般由下而上进行，高层建筑采取措施后可分段进行。

（7）室内抹灰在屋面防水工程完成前施工时，必须采取防护措施。

（8）室内吊顶、隔墙和花饰等工程，应待易产生较大湿度的楼（地）面的垫层完工后施工。

四、影响装修装饰工程质量的前提和基础

在环境问题越来越严峻的今天，在装饰装修过程中始终贯彻绿色施工的环保理念变得

尤为重要。装饰装修作为建筑施工中的一个重要分支，在建材生产和建筑施工过程中耗能巨大，还会相应地带来大量建筑废料、有毒废水、粉尘、噪声等危害环境等问题。传统施工中，人们对于环境的装饰装修普遍止于使用及审美方面，对装饰装修材料的环保性能相对考虑不足，随着人们的生活水平及知识水平认知方面提升的同时，也对建筑施工中装修装饰的绿色施工给予了更为密切的关注。

绿色施工是将"绿色"理念融入施工过程中，使用健康环保的装饰装修材料，应用环保节能的施工技术，大大减少建筑施工对环境造成的影响，是社会和环境的共同企盼与要求。这种绿色施工模式也将逐渐成为整个建筑工程施工领域中贯彻落实可持续生态化发展战略的必然选择。

（一）绿色设计是前提

现代人生活更多地注重环境绿色和安全，因此在设计时应尽力做到将室内环境与室外环境相呼应，使人们生活在室内也能感受到室外的那份清净和自然。设计可以采用室内通透的方法，给人一个流动的空间环境，使室内可以获得更多的阳光和新鲜空气。同时还可以利用盆景、盆栽或插花等将室内环境改善，增加绿色的面积。在屋内设计壁画、植物等，可以使居民切身感受到绿色的感觉。

（二）绿色建材是基础

装饰构件等材料是完成工程的基本条件，为了保证工程主体具有较高的使用质量及较高的使用寿命，就要采用绿色环保的材料进行科学合理的组合安排。绿色环保建设材料，是指在原材料采用产品制造、工程应用、废料处理和材料再循环等方面，对人类健康有益而且对地球环境问题负荷小的材料。

1. 绿色建材一般具有以下特点

首先，无毒、无害、无污染。在施工过程中及装饰装修完毕入住后不会散发甲醛、苯、氨气等有毒有刺激性气味气体，阻燃，无有害辐射，火烧后不会产生有害烟气及粉尘。其次，对人体有一定的保健功能，缓解人体疲劳，加速血液循环，防治心脑血管疾病的发生，保护视力等功能。再次，绿色建材不易锈蚀，经久耐用。在房地产如此飞速发展的今天，对于装饰装修工程来讲，应当最大限度地降低资源的浪费，降低成本，避免因材料选择不当造成的维护困难、老化快、扭曲变形、安全性较低、存在安全隐患，强度不足，甚至松动脱落等多种现象的出现。因此施工前要根据材料本身的物理及化学特性对材料进行合理的选择与使用，从而保证工程整体的价值。

2. "绿色建材"的选择

在对绿色建材进行选择时，首先应观察是否标有国家检验部门认定合格的中国环境安全标志。在实际装修涂料的选取时尽量选择无机的或者水溶性强的材料，在使用有机涂料时，少加有机助剂，避免挥发性有害气体出现。选取油漆时尽量使用硝基及聚酯类油漆，这些类型的油漆粉刷后溶剂挥发速度快，成膜所需时间短，这样可以有效降低使用后挥发量。

3. 绿色施工是保障

建筑装饰装修施工团队应在平时工作中多总结经验，并且在装修时能尽量形成自己的风格，保证好工程质量，将各个细节做到完美。同时为了保证工程正常顺利完成，建筑负责部门在对施工队进行选择时，应严格按照统一标准对其进行考核，严格执行场地内的各项工作要求，对于施工要求不过关的单位坚决不用，避免对工程造成影响。

五、装饰装修绿色施工的实现策略

（一）施工团队严格要求

施工团队进行施工时，应当严格按照各项工程工艺流程进行，工程监督部门应切实负起责任，认真完成对施工过程中各项工作进行监督检查职责，对施工方使用的施工方法、施工顺序进行严格监督，尤其是细节方面，这更能反映一个施工团队的整体素质。施工工艺粗糙容易造成材料的浪费现象，而且可能为使用后留下隐患。对于国家要求的标准严格执行，例如私自改装管线的问题，其安全隐患相当大，严重威胁居住人员的安全。有些施工单位为了美观，将水、暖气和煤气管由明设改为暗设，违反国家规定，并且其安全隐患相当大，短期内问题不会太严重，但是长时间过后其管道外皮都会有所影响，影响正常使用，甚至引发重大灾害。

在装饰装修施工中的安全隐患有：私自拆墙打洞，严重破坏楼梯的整体结构，尤其是承重墙，无论对其改动程度是大是小都会对承载力造成极大的影响；平面装修工作，当楼面上部铺设地板，下层装修屋顶时，楼面的上下两部分都受破坏，这使得楼板本身荷载大大增加，而且在装修天花板时，施工方随意打孔，使楼板的强度下降的同时，对隔音防漏的性能也造成很大影响。

（二）加强项目管理工作

绿色施工的顺利进行必须要对其实行科学有效的管理工作，努力提高企业管理水平，将传统的被动适应型企业转变为主动改变型企业，是企业能制定制度化、规范化的施工流程，充分遵循可持续发展的战略理念，增加绿色施工的经济效益，进一步加强企业推行绿色施工的积极性。绿色施工项目是以后建筑行业的必然趋势，实行绿色施工管理，不仅可以保证工程的安全、质量以及进度要求，同时也实现了国家的环境目标。各施工企业应转变思想，将绿色施工思维贯穿到每一层企业管理中，将绿色施工管理与技术创新相结合，提高整体企业水平。对施工中的各种材料进行科学管理，防止出现次生问题。

（三）新技术和新工艺的支持

在绿色施工推行过程中，新的技术和方法会随之出现，建筑施工企业应能适应社会的进步，适时的将新技术引进工作中。对技术落后，操作复杂的设计方案进行限制或摒弃，推行技术创新。绿色施工技术可以运用现场检测技术、低噪音施工技术以及现场污染指数检测技术落实绿色施工要求。加强信息化技术的应用，实现数字化管理模式，通过信息技术对各部分进行周密部署、将设计方案进行立体化展示，对其中的不足之处及时修改，减少返工的可能，实现绿色施工。

节能环保是现代社会的主流话题，也是建筑行业应当追求的工程理念，施工技术环节的节能环保推行工作是必然趋势，即绿色施工。通过对前期设计阶段的不断修改，对施工用材的良好把握以及对施工团队的严格监督工作，使得装饰装修工作真正将绿色施工落到实处。绿色施工不仅仅指的是房屋内部设计的颜色，更是指的居住环境安全健康的理念。大力发展绿色施工技术，认真落实节能环保的施工思想是以后建筑行业的必然要求，是创造节约型社会和可持续发展社会的必然途径。

第五节 钢结构绿色施工

一、钢结构施工概述

（一）钢结构材料

1. 钢结构工程中，常用钢材有普通碳素钢、优质碳素钢、普通低合金钢等三种。

2. 钢材的品种、规格、性能等应符合现行国家产品标准和设计要求。进口钢材产品的质量应符合设计和合同规定标准的要求。

3. 钢材进场正式入库前必须严格执行检验制度，经检验合格的钢材方可办理入库手续。

4. 钢材的堆放要便于搬运，要尽量减少钢材的变形和锈蚀，钢材端部应竖立标牌，标牌应标明钢材规格、钢号、数量和材质验收证明书。

（二）钢结构构件的制作加工

1. 准备工作

钢结构构件加工前，应先进行详图设计、审查图纸、提料、备料、工艺试验和工艺规程的编制、技术交底等工作。

2. 钢结构构件生产的工艺流程和加工

（1）放样：包括核对图纸的安装尺寸和孔距，以 1∶1 大样放出节点，核对各部分的尺寸，制作样板和样标作为下料、弯制、铣、刨、制孔等加工的依据。

（2）号料：包括检查核对材料，在材料上画出切割、铣、刨、制孔等加工位置，打冲孔，标出零件编号等。号料应注意以下问题：1）根据配料表和样板进行套裁，尽可能节约材料。2）应有利于切割和保证零件质量。3）当工艺有规定时，应按规定取料。

（3）切割下料：包括氧割（气割）、等离子切割等高温热源的方法和使用机切、冲模落料和锯切等机械力的方法。

（4）平直矫正：包括型钢矫正机的机械矫正和火焰矫正等。

（5）边缘及端部加工：方法有铲边、刨边、铣边、碳弧气刨、半自动和自动气割机、坡口机加工等。

（6）滚圆：可选用对称三轴滚圆机、不对称三轴滚圆机和四轴滚圆机等机械进行加工。

（7）煨弯：根据不同规格材料可选用型钢滚圆机、弯管机、折弯压力机等机械进行加工。当采用热加工成型时，一定要控制好温度，满足规定要求。

（8）制孔：包括铆钉孔、普通螺栓连接孔、高强螺栓连接孔、地脚螺栓孔等。制孔通常采用钻孔的方法，有时在较薄的不重要的节点板、垫板、加强板等制孔时也可采用冲孔。钻孔通常在钻床上进行，不便用钻床时，可用电钻、风钻和磁座钻加工。

（9）钢结构组装：方法包括地样法、仿形复制装配法、立装法、胎模装配法等。

（10）焊接：是钢结构加工制作中的关键步骤，要选择合理的焊接工艺和方法，严格按要求操作。

（11）摩擦面的处理：可选用喷丸、喷砂、酸洗、打磨等方法，严格按设计要求和有关规定进行施工。

（12）涂装：严格按设计要求和有关规定进行施工。

二、钢结构构件的连接

钢结构的连接方法有焊接、普通螺栓连接、高强螺栓连接和铆接。

（一）焊接

1. 建筑工程中钢结构常用的焊接方法：按焊接的自动化程度一般分为手工焊接、半自动焊接和自动化焊接三种。

2. 钢材的可焊性：是指在适当的设计和工作条件下，材料易于焊接和满足结构性能的程度。可焊性常常受钢材的化学成分、轧制方法和板厚等因素影响。为了评价化学成分对可焊性的影响，一般用碳当量（Ceq）表示，Ceq越小，钢材的淬硬倾向越小，可焊性就越好；反之，Ceq大，钢材的淬硬倾向越大，可焊性就越差。

3. 根据焊接接头的连接部位，可以将融化焊接头分为对接接头、角接接头、T形接头和十字接头、搭接接头和塞焊接头等。

4. 焊接是一种局部加热的工艺过程。被焊构件将不可避免产生焊接应力和焊接变形，将不同程度的影响焊接结构的性能。因此在焊接时应合理选择焊接方法、条件、顺序和预热等工艺措施，尽可能把焊接应力和焊接变形控制到最小。必要时应采取合理措施，消减焊接残余应力和变形。

5. 根据设计要求、接头形式、钢材牌号和等级等合理选择、使用和包管号焊接材料和焊剂、焊接气体。

6. 对于全熔透焊接接头中的T形、十字形、角接接头，全焊透结构应特别注意Z向撕裂问题，尤其在板厚较大的情况下，为了防止 Z 向层状撕裂，必须对接头处的焊缝进行补强角焊，补强焊脚尺寸一般应大于 t/4（t 为较厚钢板的厚度）和小于 10mm。当其翼缘板厚度等于或大于 40mm 时，设计宜采用抗层状撕裂的钢板，钢板的厚底方向性能级别应根据工程的结构类型、节点形式及板厚和受力状态等具体情况选择。

7. 焊接缺陷通常分为 6 类：裂纹、孔穴、固体夹渣、未熔合、未焊透、形状缺陷和其他缺陷。缺陷产生的原因和处理方法为：

裂纹：通常有热裂纹和冷裂纹之分。产生热裂纹的原因是母材抗裂性能差、焊接材料质量不好、焊接工艺参数选择不当、焊接内应力过大等；产生冷裂纹的主要原因是焊接结构设计不合理、焊缝布置不当、焊接工艺措施不合理，如焊前未预热、焊后冷却快等。处理方法是在裂纹两端钻止裂孔或铲除裂纹处的焊缝金属，进行补焊。

孔穴：通常分为气孔和弧坑缩孔两种。产生气孔的主要原因是焊条药皮损坏严重、焊条和焊剂未烘烤、母材有油污或锈和氧化物，焊接电流过小、弧长过长，焊接速度太快等，其处理方法是铲去气孔处的焊缝金属，然后补焊。产生弧坑缩孔的主要原因是焊接电流太大且焊接速度太快、息弧太快，未反复向息弧处补充填充金属等，处理方法是在弧坑处补焊。

固体夹杂：有夹渣和夹钨两种缺陷。产生夹渣的主要原因是焊接材料质量不好、焊接电流太小、焊接速度太快、熔渣密度太大、阻碍熔渣上浮、多层焊时熔渣未清除干净等，其处理方法是铲除夹渣处的焊缝金属，然后补焊。产生夹钨的主要原因是氩弧焊时钨极与熔池金属接触，其处理方法是挖去夹钨处缺陷金属，重新补焊。

未熔合、未焊透：产生的主要原因是焊接电流太小、焊接速度太快、坡口角度间隙太小、操作技术不佳等。对于未熔合的处理方法是铲除未熔合处的焊缝金属后补焊。对于未熔透的处理方法是对开敞性好的结构的单面未焊透，可在焊缝背面直接补焊。对于不能直接焊补的重要焊件，应铲去未焊透的焊缝金属，重新焊接。

形状缺陷：包括咬边、下榻、根部收缩、错边、角度偏差、焊缝超高、表面不规则等。

产生咬边的主要原因是焊接工艺参数选择不当，如电流过大、电弧过长等；操作技术不正确，如焊枪角度不对、运条不当等；焊条药皮端部的电弧偏吹；焊接零件的位置安放不当等。其处理方法是轻微的、浅的咬边可用机械方法修锉，使其平滑过渡；严重的、深的咬边应进行补焊。

产生焊瘤的主要原因是焊接工艺参数选择不正确、操作技术不佳、焊件位置安放不当等。其处理方法是用铲、锉、磨等手工或机械方法除去多余的堆积金属。

其他缺陷：主要有电弧擦伤、飞溅、表面撕裂等。

（二）螺栓连接

钢结构中使用的连接螺栓一般分为普通螺栓和高强螺栓两种。

1. 普通螺栓

（1）常用的普通螺栓有六角螺栓、双头螺栓和地脚螺栓。

（2）φ50 以下的螺栓孔必须钻孔成型，φ50 以上的螺栓孔可以采用数控气割制孔，严禁气割扩孔。对于精制螺栓（A、B 级螺栓），必须是一类孔；对于粗制螺栓（C 级螺栓），螺栓孔为二类孔。

（3）普通螺栓作为永久性连接螺栓时，应符合下列要求。

1）螺栓头和螺母（包括螺栓）应和结构件的表面及垫圈密贴。

2）螺栓头和螺母下面应放置平垫圈，以增大承压面。

3）每个螺栓一端不得垫两个以上的垫圈，并不得采用大螺母代替垫圈。螺栓拧紧后，外露丝扣不应少于 2 扣。

4）对于设计有要求防松动的螺栓应采用有防松动装置的螺栓（即双螺母）或弹簧垫圈，或用人工方法采取防松动措施（如将螺栓外露丝扣打毛或将螺母与外露螺栓点焊等）。

5）对于动荷载或重要部位的螺栓连接应按设计要求放置弹簧垫圈，弹簧垫圈必须设置在螺母一侧。

6）对于工字钢和槽钢翼缘之类上倾斜面的螺栓连接，应放置斜垫圈垫平，使螺母和螺栓的头部支撑面垂直与螺杆。

7）使用螺栓等级、规格、长度、材质等符合设计要求。

（4）普通螺栓常用的连接形式有平接连接、搭接连接和 T 形连接。螺栓排列主要有并列和交错排列两种形式。

（5）普通螺栓的紧固：螺栓的紧固次序应从中间开始，对称向两边进行。螺栓的紧固施工以操作者的手感及连接接头的外形控制为准，对大型接头应采用复拧，即两次紧固方法，保证接头内各个螺栓能均匀受力。

（6）永久性螺栓紧固质量，可采用锤击法检查，即用 0.3Kg 小锤，一手扶螺栓头（或螺母），另一手用锤敲，要求螺栓头（螺母）不偏移、不颤动、不松动，锤声比较干脆；否则，说明螺栓紧固质量不好，需要重新紧固施工。

2. 高强螺栓

（1）高强度螺栓按连接形式通常分为摩擦连接、张拉连接和承压连接等，其中，摩擦连接是目前广泛采用的基本连接形式。

（2）安装高强度螺栓前，应做好接头摩擦面清理，摩擦面应保持干燥、整洁，不应有飞边、毛刺、焊接飞溅物、焊疤、氧化铁皮、污垢等处设计要求外摩擦面不应涂漆。

施工前应对大六角头螺栓的扭矩系数、牛腿型螺栓的紧固轴力和摩擦面抗滑移系数进行复核，并对使用的扭矩扳手应按规定进行校准，搬迁应对标定的扭矩扳手校核，合格后方能使用。

（3）高强度螺栓连接应在其结构架设调整完毕后，再对接合件进行矫正，消除接合件的变形、错位和错孔，接合部摩擦面贴紧后，进行安装高强度螺栓。对每一个连接接头，应先用临时螺栓或冲钉定位，严禁把高强度螺栓作为临时螺栓使用。高强度螺栓的穿入，应在结构中心位置调整后进行，其穿入方向应以施工方便为准，每个节点整齐一致；螺母、垫圈均有方向要求，要注意正反面。高强度螺栓的安装应能自由穿入孔，严禁强行穿入。高强度螺栓连接中连接钢板的孔径略大于螺栓直径，并必须采取钻孔成型。高强度螺栓终拧后，螺栓丝扣外露应为2~3扣，其中允许有10%的螺栓丝扣外露1扣或4扣。

（4）高强度螺栓的紧固方法

高强度螺栓的紧固方法是用专门扳手拧紧螺母，使螺杆内产生要求的拉力。具体为：大六角头刚强度螺栓的紧固：一般用两种方法拧紧，即扭矩法和转角法。

扭矩法是用能控制紧固扭矩的专用扳手施加扭矩，使螺栓产生预定的拉力。具体宜通过初拧、复拧和终拧达到紧固。如钢板较薄，板层较少，也可只作初拧和终拧。终拧前接头处各层钢板应密贴。初拧扭矩为施工扭矩的50%左右，复拧扭矩等于或略大于初拧扭矩，终拧扭矩等于施工扭矩。

转角法也宜通过初拧、复拧和终拧达到紧固。初拧、复拧可参照扭矩法，终拧是将复拧（或初拧）后的螺母再转动一个角度，使螺栓杆轴力达到设计要求。转动角度的大小在施工前按有关要求确定。

扭剪型高强度螺栓的紧固也宜通过初拧、复拧和终拧达到紧固。初拧、复拧用定扭矩扳手，可参照扭矩法。终拧宜用电动扭剪扳手把梅花头拧掉，使螺栓杆轴力达到设计要求。

（5）高强度螺栓的安装顺序：应从刚度大的部位向不受约束的自由端进行。一个接头上的高强度螺栓，初拧、复拧、终拧都应从螺栓群中部开始向四周扩展逐个拧紧，每拧一遍均应用不同颜色的油漆做上标记，防止漏拧。同一接头中高强度螺栓的初拧、复拧、终拧应在24h内完成。

接头如既有高强度螺栓连接又有电焊连接时，是先紧固高强度螺栓还是先焊接应按设计规定进行；如设计无规定时，宜按先紧固高强度螺栓后焊接（即先栓后焊）的施工工艺顺序进行。

（6）高强度螺栓连接中，钢板摩擦面的处理方法通常有喷丸法、酸洗法、砂轮打磨法和钢丝刷人工除锈法等。

（7）施工注意事项。

1）高强度螺栓超拧应更换，并废弃换下来的螺栓，不得重复使用。

2）严禁用火焰或电焊切割高强度螺栓梅花头。

3）安装中的错孔、漏孔不应用气制扩孔、开孔。错孔可用铰刀扩孔，扩孔数量应征得设计同意，扩孔后的孔径不应超过1.2d（d为螺栓直径）。漏孔采用机械钻孔。

4）安装环境温度不宜低于-10℃。当摩擦面潮湿或暴露在雨雪中时，停止作业。

5）对于露天使用或接触腐蚀性气体的钢结构，在高强度螺栓拧紧检查验收合格后，连接处板缝及时用防水或耐腐蚀的腻子封闭。

三、钢结构涂装

钢结构涂装工程通常分为防腐涂料（油漆类）涂装和防火涂料涂装两种。

（一）防腐涂料涂装

1. 主要施工工艺流程：基面处理、底漆涂装、中间漆涂装、面漆涂装、检查验收。

2. 涂装施工常用方法：一般可采用刷涂法、滚涂法和喷涂法。

3. 施涂顺序：一般应按先上后下、先左后右、先里后外、先难后易的原则施涂，不漏涂，不流坠，使漆膜均匀、致密、光滑和平整。

4. 涂料、涂装遍数、涂层厚度均应符合设计要求；当设计对涂层厚度无要求时，应符合规范要求。

5. 对于有涂装要求的钢结构，通常在钢构件加工后涂装底漆。钢构件现场安装后再进行二次涂装，包括构件表面清理、底漆损坏部位和未涂部位进行补涂、中间漆和面漆涂装等。

（二）防火涂料涂装

1. 防火涂料按涂层厚度可分为 B、H 两类。B 类：薄涂型钢结构防火涂料，又称钢结构膨胀防火涂料，具有一定的装饰效果，涂层厚度一般为 2~7mm，高温时涂层膨胀增厚，具有耐火隔热作用，耐火极限可达 0.5~2h。

H 类厚涂型防火涂料，又称房结构防火隔热涂料。涂层厚度一般为 8~50mm，粒状表面，密度较小、热导率低，耐火极限可达 0.5~3h。

2. 主要施工工艺流程：基层处理、调配涂料、涂装施工、检查验收。

3. 涂装施工常用方法：通常采用喷涂方法施涂，对于薄涂型钢结构防火涂料的面装饰涂装也可采用刷涂或滚涂等方法施涂。

4. 涂料种类、涂装层数和涂层厚度等应根据防火设计要求确定。施涂时，在每层涂层基本干燥或固化后，方可继续喷涂下一层涂料，通常每天喷涂一层。

（三）防腐涂料和防火涂料的涂装

防腐涂料和防火涂料的涂装油漆工属于特殊工种。施涂时，操作者必须有特殊工种作业操作证（上岗证）。

施涂环境温度、湿度，应按产品说明书和规范规定执行，要做好施工操作面的通风，并做好防火、防毒、防爆措施。

防腐涂料和防火涂料应具有相容性。

四、钢结构单层厂房安装

（一）安装准备工作

包括技术准备、机具准备、构件材料准备、现场基础准备和劳动力准备等。

（二）安装方法和顺序

单层钢结构安装工程施工时，对于柱子、柱间支撑和吊车梁一般采用单件流水法吊装，即一次性将柱子安装并校正后再安装柱间支撑、吊车梁等，此种方法尤其适合移动较方便的履带式起重机；对于采用汽车式起重机时，考虑到移动不方便，可以以 2~3 个轴线为一个单元进行节间构件安装。

对于屋盖系统安装通常采用"节间综合法"吊装，即吊车一次安装完成一个节间的全部屋盖构件后，再安装下一个节间的屋盖构件。

（三）钢柱安装

一般钢柱的刚性较好，吊装时通常采用一点起吊。常用的吊装方法有旋转法、滑行法和递送法。对于重型钢柱也可采用双机抬吊。

钢柱吊装回直后，慢慢插进地脚锚固螺栓找正平面位置。经过平面位置校正，垂直度初校、柱顶四面拉上临时缆风钢丝绳，地脚锚固螺栓临时固定后，起重机方可脱钩。再次对钢柱进行复校，具体可优先采用缆风绳校正；对于不便采用缆风绳校正的钢柱，可采用跳撑杆或千斤顶校正。在复校的同时柱脚底板与基础间间隙垫紧垫板，复校后拧紧锚固螺栓，并将垫铁电焊固定，并拆除缆风绳。

（四）钢屋架安装

钢屋架侧向刚度较差，安装前需进行吊装稳定性验算，稳定性不足时应进行吊装临时加固，通常可在钢屋架上下弦处绑扎杉木杆加固。

钢屋架吊点必须选择在上弦节点处，并符合设计要求。吊装就位时，应以屋架下弦两端的定位标记和柱定的轴线标记严格定位并临时固定。为使屋架起吊后不致发生摇摆，碰撞其他构件，起吊前宜在离支座节间附近用麻绳系牢，随吊随放松，控制屋架位置。第一榀屋架吊装就位后，应在屋架上弦两侧对称设缆风绳固定；第二榀屋架吊装就位后，每坡宜用一个屋架间调整器，进行屋架垂直度校正。在固定两端支座，并安装屋架间水平及垂直支撑、檩条及屋面板等。

如果吊装机械允许，屋面系统结构可采用扩大拼装后进行组合吊装，即在地面上将两榀屋架及其上的天窗架、檩条、支撑等拼装成整体后一次性吊装。

五、高层钢结构的安装

1. 准备工作：包括钢构件预检和配套、定位轴线及标高和地脚螺栓的检查、钢构件现场堆放、安装机械的选择、安装流水段的划分和安装顺序的确定、劳动力的进场等。

2.多层及高层钢结构吊装，在分片区的基础上，多采用综合吊装法，其吊装程序一般是：平面从中间或某一对称节间开始，以一个柱间的柱网为一个吊装单元，按钢柱钢梁支撑顺序吊装，并向四周扩展；垂直方向由下至上组成稳定结构，同节柱方位内的横向构件，通常由上至下逐层安装。采取对称安装、对称固定的工艺，有利于将安装误差积累和节点焊接变形降低到最小。

安装时，一般按吊装程序先划分吊装作业区域，按划分的区域、平等顺序同时进行。当一片区吊装完成后，即进行测量、校正、高强度螺栓初拧等工序，待几个片区安装完成后，再对整体结构进行测量、校正、高强度螺栓终拧、焊接。接着，再进行下一节钢柱的吊装。

3.高层建筑的钢柱通常以2~4层为一节，吊装般采用一点正吊。钢柱安装到位、对准轴线、校正垂直度、临时固定牢固后才能松开吊钩。

安装时，每节钢柱的定位轴线应从地面控制轴线直接引上，不得从下层柱的轴线引上。在每一节柱子范围内的全部构件安装、焊接、拴接完成并验收合格后，再能从地面控制轴线引测上一节柱子的定位轴线。

4.同一节柱、同一跨范围内的钢梁，宜从上向下安装。钢梁安装完成后，宜立即安装本节柱范围内的各层楼梯及楼面压型钢板。

5.结构安装时，应注意日照、焊接等温度变化引起的热影响对构件伸缩和弯曲引起的变化，并应采取相应措施。

六、绿色钢结构施工

钢结构作为现代的"绿色建筑"，因其具有自重轻、施工周期短、投资回收快、安装容易、抗震性能好、环境污染少等特点而被广泛应用于住宅、厂房办公、商业、体育和展览等建筑中，且发展迅速。而如何将钢结构在保证质量达标、满足使用性能的情况下进行绿色施工，实现环保，则是建筑业界各人士应深刻思考的问题。

钢结构因其自重较轻，强度较高，抗震性较强，隔音、保温、舒适性较好等特点而在建筑工程中得到了合理、迅速的应用，其应用标志着建筑工业的发展。伴随着我国社会经济的发展及科学技术的日趋完善，钢结构的生产也实现了质的飞跃。钢结构具备绿色建筑的条件，是有利于保护环境、节约能源的建筑，它顺应时代发展和市场需要，已成为中国建筑的主流，同时也为住宅产业化的尽早全面实现奠定了坚实基础。

（一）钢结构的优点及其应用的必然性

钢结构建筑是以钢材作为建筑的主体结构，通常由型钢和钢板等钢材制成各种建筑构件，表现形式为钢梁、钢柱、钢桁架等，并采用焊缝、螺栓或铆钉的连接方式，将各部件拼装成完整的结构体系，再配以轻质墙板或节能砖等新型材料作为外围墙体建造而成。

当前，国家大力提倡构建和谐社会，发展节能省地型住宅，推广住宅产业化，特别是在一些大中型城市，更需要解决寸土寸金的实际情况及满足人们对生活空间、生存环境等提出的更高要求，人们在追求舒适性的同时越来越注重建筑的美观性及布局的独特性；另外，低碳经济已成为全球经济发展的新潮流，此趋势在我国也同样受到高度重视。综上所述，在这样的大背景下，在此形势的驱动下，钢结构因其自身独特的优点应运而生，并得到广泛使用，同时，利用钢结构，通过灵活设计来实现异形建筑则成为建筑中最好的选择。钢结构建筑承载力高、密闭性好，而且比传统结构用料省，易拆除，且回收率高。另外，此建筑的外围墙体也多采用如节能砖、防火涂料等环保材料，这大大降低了钢铁污染所带来的高风险，符合国家绿色环保、节能减排的政策；同时，多用于超高层及超大跨度建筑中的钢结构，符合可持续发展的理念，能够缓解人多地少的矛盾，拓展了人们的生存空间，提高了人们的生活质量。

建筑施工活动在一定程度上破坏了环境之间的和谐和平衡。近年来，环保一直作为热门话题贯穿于各个行业。在低碳建筑时代，在绿色意识不断强化的今天，建筑形成的每个流程包括建筑材料、建筑施工、建筑使用等过程，都应减少石化能源使用，提高能效，不断降低二氧化碳排放量，这已逐渐成为建筑业的主流趋势。作为绿色建筑的钢结构，其施工过程更应符合绿色环保。

相对于传统的施工活动，绿色施工是绿色建筑全寿命周期的一个组成部分，是随着绿色建筑概念的普及而提出的。绿色施工是指在建设中，以保证质量、安全等为前提，利用科学的管理方法和先进的技术，最大程度地节约资源，减少施工活动对环境的负面影响，满足节地、节能、节水、节材和环境保护以及舒适的要求。绿色施工同绿色建筑一样，是建立在可持续发展理念上的，是可持续发展思想在施工中的体现。

（二）钢结构建筑的绿色施工

实施绿色施工，应在设计方案的基础上，充分考虑绿色施工的要求，结合施工环境和条件，进行优化。绿色施工包括以下几个环节：施工策划、材料采购、现场施工、工程验收等，各个阶段都要加强管理和监督，保障施工活动顺利进行。

1. 资质审核

审查施工单位现场拼装、吊装和安装的施工组织设计，重点审查施工吊装机具起吊能力施工技术措施、垂直度控制方法和屋架外形控制措施，特殊的吊装方法应有详细的工艺方案。审查施工单位的焊接工艺评定报告、焊工合格证、工作人员资格证书，其中焊接工艺评定报告中的焊接接头形式、焊接方法及材质的覆盖性、焊工合格证的焊接方法、位置、有效期等方面的内容，都要符合施工规范要求，严禁无证上岗。特别应注意的是焊接工必须有全位置焊接的证书，而不是一般水平位置焊工证书。

2. 建筑设计

在钢结构设计的整个过程中都应该强调"概念设计"，它在结构选型和布置阶段尤其重要。在钢结构设计中应依据从整体结构体系与分结构体系之间的力学关系、震害、破坏机理、试验现象和工程经验中所获得设计思想，对一些难以做出精确理性分析或规范未规定的问题，要从全局角度来确定控制结构的布置及细部措施。另外，设计中应尽量使结构布置符合规则性要求，并作除弹性设计外的弹塑性层间位移验算。设计时可依据前期的计算机设计程序，将其各部分构件按生产标准进行后期制作拼装，将设计与生产完美结合，在丰富建筑风格的同时也提高了施工效率。

3. 成本预算

首先，要降低材料损耗。要保证各种材料的有效利用，杜绝原材料不合理使用而造成浪费现象。其次，要加强定额管理。施工前由项目预算员测算出各工种、各部位的预算定额，然后由专业施工员根据预算定额，分任务给各施工班组，使每个工作人员明白施工目标，把经济效益与职工的劳动紧密地结合起来，充分调动职工的劳动积极性。

4. 施工方法

在钢结构安装与防护工作中，应建立科学有效的保障体系和操作规范。施工中，必须保证钢构件全部安装，使之具有空间刚度和可靠的稳定性。在安装之前，准备工作要做充分，包括清理场地，修筑道路，运输构件，构件的就位、堆放、拼装、加固、检查清理、弹线编号以及吊装机具的准备等。另外，钢结构的测量，这是钢结构工程中的关键程序，关系到整个工程的质量。测量的主要内容是：土建工序交接的基础点的复测和钢柱安装后的垂直度控制沉降观测。

5. 安全管理

贯彻国家劳动保护政策，严格执行施工企业有关安全、文明施工管理制度和规定。明确安全施工责任，贯彻"谁施工，谁负责安全"的制度，责任到人，层层负责，切实将安全施工落实到实处。加强安全施工宣传，在施工现场显著位置悬挂标语、警告牌，提醒施工人员；施工人员进入施工现场需佩戴安全帽；施工机具、机械每天使用前要例行检查，特别是钢丝绳、安全带每周还应进行一次性能检查，确保完好。

6. 设备选用

施工单位应尽量选用高性能、低噪音、少污染的设备，施工区域与非施工区域间设置标准的分隔设施，施工现场使用的热水锅炉等必须使用清洁燃料，市区（距居民区1000米范围内）禁用柴油冲击桩机、振动桩机、旋转桩机和柴油发电机，严禁敲打导管和钻杆，控制高噪声污染，综合利用建筑废料，照明灯须采用俯视角，避免光污染等。

7. 环境保护

为了达到绿色施工的目的，首先，现场搭建活动房屋之前应按规划部门的要求取得相关手续，保证搭建设施的材料符合规范，工程结束后，选择有合法资质的拆除公司将临时设施拆除。其次，建设单位或者施工单位应当采取相应方法，隔断地下水进入施工区域，限制施工降水。最后，还要控制好施工扬尘，保持建筑环境的和谐。除了这些，施工单位还要做好渣土绿色运输、降低声、光排放等，保证建筑活动符合绿色要求。

绿色施工作为在建筑业落实可持续发展战略的重要手段和关键环节，已为越来越多的业内人士所了解、关注和重视。但是我国到目前为止仍没有专门的针对绿色施工的评价体系，缺乏确定的标准来衡量施工企业的绿色施工水平，这对绿色施工的推广和管理造成了障碍。作为建筑施工单位，需要打破传统的建筑观念，不断学习、不断探索、不断创新，充分发挥绿色建筑——钢结构的建筑优势，做好钢结构的绿色施工，努力推动我国建筑业的健康、持续发展。

第三章 绿色施工技术

近些年来伴随经济的不断发展和城市规模的逐渐扩大,建筑业的能源消耗问题越来越受到人们的关注,高能耗、高耗材的建筑越来越多,伴随人们环保意识的不断提高,环保理念的逐渐深入人心,对建筑业的发展也有了新标准和新要求。人们对于建筑的环保要求越来越高,而建筑工程项目在施工过程中会带来很多的环境问题,在这种情况下,就需要采取有效的绿色施工技术解决这些问题,为人们提供良好的生活和居住环境。基于此,本章主要对绿色施工技术展开讲述。

第一节 基坑施工封降水技术

一、封闭降水技术发展概述

基坑封闭降水技术在我国沿海地区应用比较早,其封闭施工工艺来源于地基处理和水利堤坝的垂直防渗。我国从1958年修建山东省青岛月子口水库圆孔套接水泥黏土混凝土防渗墙——第一个垂直防渗墙工程开始,20世纪50—70年代垂直防渗技术发展很快。最近几十年,封闭降水技术较为常用的有:薄抓斗成槽造墙技术、液压开槽机成墙技术、高压喷射灌注(包括定喷法、摆喷法和旋喷法)成墙技术、深层搅拌桩截渗墙技术等。传统的基坑开挖多采用排水降水的方法。近些年,由于降水带来的环境影响逐渐被人们所认识,并且已经对人类生活造成了一定的影响,因此,这项技术才被重视起来。

二、基本原理、主要技术内容、特点及措施

1.基本原理

基坑封闭降水是指在基坑周边采用增加渗透系数较小的封闭结构,有效阻止地下水向基坑内部渗流,在抽取开挖范围内少量地下水的控制措施。

2.主要技术内容及特点

基坑施工封闭降水技术多采用基坑侧壁帷幕或基坑侧壁帷幕+基坑底封底的截水措施,阻截基坑侧壁及基坑底面的地下水流入基坑,同时采用降水措施抽取或引渗基坑开挖范围内的现存地下水的降水办法。

截水帷幕常采用深层搅拌桩帷幕、高压摆喷墙、旋喷桩帷幕、地下连续墙等。特点：抽水量小，对周边环境影响小，不污染周边水源，止水系统配合结构支护体系一起设计，降低造价。

3. 技术指标与技术措施

（1）封闭深度：宜采用悬挂式竖向截水和水平封底相结合，在没有水平封底措施的情况下要求侧壁帷幕（连续墙、搅拌桩、旋喷桩等）插入基坑下卧不透水土层一定深度。

（2）截水帷幕厚度：搭接处最小厚度应满足抗渗要求。

（3）帷幕桩的搭接长度：不小于 150mm。

（4）基坑内井深度：可采用疏水井和降水井。若采用降水井，井深度不宜超过截水帷幕深度；若采用疏水井，井深应插入下层强透水层。

（5）结构安全性：截水帷幕必须在有安全的基坑支护措施下配合使用（如排桩支护），或者帷幕本身经计算能同时满足基坑支护的要求（如水泥土挡墙）。

三、适用范围与应用前景

本技术适用于有地下水存在的所有非岩石地层的基坑工程。

我国南方沿海地区宜采用地下连续墙或护坡桩 + 搅拌桩止水帷幕的地下水封闭措施。北方内陆地区宜采用护坡桩 + 旋喷桩止水帷幕的地下水封闭措施。河流阶地地区宜采用双排或三排搅拌桩对基坑进行封闭同时兼做支护的地下水封闭措施。

目前城市建设正向地下空间迅速发展，降水带来的水资源浪费已经成为焦点，北京长安街上 X 大厦，从基坑开挖至结构施工到满足抗浮要求，抽水周期超过 1 年，抽水量达 378 万 t，相当于全北京居民 2d 的用水量。

深基坑开挖应用封闭降水技术，减少地下水的消耗，节约水资源。北京现用法规规范，推行限制降水技术，为全国绿色施工做了榜样。

四、经济效益与社会效益

经济和社会发展对水资源的需求，远远超过其承载能力。如城市地面沉降、河道干枯、井泉枯竭、水质污染、植被退化等。

中国城市建筑向密集化发展，地下结构也越来越深，建筑业呈现出不断扩张的势头，将会带来更多的施工过程中水的浪费，对城市生态环境的破坏日益严重。

应用封闭降水技术，能减少工程施工对地下水的过度开采和污染，有利于保护生态环境。

第二节 施工过程水回收利用技术

一、国内外发展概况

一些国家较早认识到施工过程中的水回收、废水资源化的重大战略意义，为开展回收水再生利用积累了丰富经验。美国、加拿大等国家的回收水再利用实施法规涵盖了实践的各个方面，如回收水再利用的要求和过程、回收水再利用的法规和环保指导性意见。目前，我国在水回收利用方面还没有专门的法规，只有节约用水方面的规定，如《中华人民共和国水法》提出了提高水的重复利用率、鼓励使用再生水、提高污水废水再生利用率的原则规定。

施工工程水的回收利用技术应用，国内还没有专门的法规。

主要技术内容和措施。

1. 基坑施工降水回收利用技术

基坑施工降水回收利用技术，一是利用自渗效果将上层滞水引渗至下层潜水层中，可使大部分水资源重新回灌至地下的回收利用技术；二是将降水所抽水集中存放，用于生活用水中洗漱、冲刷厕所及现场洒水控制扬尘，经过处理或水质达到要求的水体可用于结构养护用水、拌制砂浆、水泥浆和混凝土以及现场砌筑。

2. 技术措施

（1）现场建立高效洗车池

现场设置一个高效洗车池，其主要包括蓄水池、沉淀池和冲洗池三部分。将降水井所抽出的水通过基坑周边的排水管汇集到蓄水池，可用于冲洗运土车辆。冲洗完的污水经预先的回路流进沉淀池（定期清理沉淀池，以保证其较高的使用率）。沉淀后的水可再流进蓄水池，用作洗车。

（2）设置现场集水箱

根据相关技术指标测算现场回收水量，制作蓄水箱，箱项制作收集水管入口，与现场降水水管连接，并将蓄水箱置于固定高度（根据所需水压计算），回收水体通过水泵被抽到蓄水箱，用于现场部分施工用水。

二、适用范围和应用前景

适用于地下水位较高的地区。

我国的建筑施工面积逐年增加，但多数工地对于基坑中的水没有回收利用，对地下水资源是种浪费，基坑降水回收利用具有广阔的前景。

三、应用实例

国家游泳中心在降水施工时，对方案进行了优化，减少地下水抽取，充分利用自渗效果将上层潜水引渗至较深层潜水水中，使一大部分水资源重新回灌至地下。施工现场还设置了喷淋系统，将所抽水体集中存放于水箱中，然后将该水用于喷淋扬尘。现场喷射混凝土用水、土钉孔灌注水泥浆液用水以及混凝土养护用水、砌筑用水、生活用水等均使用地下水等，有效防止了水资源的浪费。

典型工程还有清华大学环境能源楼工程、北京市威盛大厦工程、中石化办公大楼工程、微软研发集团总部工程、中关村金融中心等。

四、经济效益与社会效益

基坑施工降水回收利用技术，使大部分水资源重新回灌至地下，并把回收水用于现场施工用水，对生态环境的保持起到了良好的作用。采用回收再利用的地下水，不仅降低了工程成本，而且节约了水资源，取得了很好的经济效益和社会效益。

附：雨水回收利用技术

雨水回收利用技术是指在施工过程中将雨水收集后，经过雨水渗蓄、沉淀等处理，集中存放，用于施工现场降尘、绿化和洗车等工序和操作方法。经过处理的雨水可用于结构养护用水等。

施工现场用水应有 20% 来源于雨水和生产废水等回收。

在现场施工临时道路两旁设置引水管和沉淀池，将沉淀池的水引入蓄水池，蓄水池的大小根据工地的实际情况和实际需要确定；如果工程投入使用后仍有雨水回收系统，应将临时雨水回收系统与设计结合，蓄水池可先行施工使用，以减少施工成本。目前，我国施工过程中雨水利用率较少，如果能够充分利用雨水，将有利于保护环境。

第三节 预拌砂浆技术

1. 主要技术内容

预拌砂浆是指由专业生产厂生产的，用于建设工程中的各类砂浆拌合物，预拌砂浆分为干拌砂浆和湿拌砂浆两种。

湿拌砂浆是指由水泥、细骨料、矿物掺合料、外加剂和水以及根据性能确定的其他组分，按一定比例，在搅拌站经计量、拌制后，运至使用地点，并在规定时间内使用完毕的拌合物。干混砂浆是指由水泥、干燥骨料或粉料、添加剂以及根据性能确定的其他组分，按一定比例，在专业生产厂经计量、混合而成的混合物，在使用地点按规定比例加水或配套组分拌和使用。

2. 技术指标

预拌砂浆应符合国家现行相关标准和应用技术规程的规定。

3. 适用范围

适用于需要应用砂浆的工业与民用建筑。

4. 已应用的典型工程

广州国际金融中心（珠江新城西塔）、广州市新电视塔、武汉摩尔城等工程。

第四节 外墙体自保温体系施工技术

一、基本原理

墙体自保温体系是指以蒸压加气混凝土、陶粒增强加气砌块和硅藻土保温砌块（砖）等制成的蒸压粉煤灰砖、蒸压加气混凝土砌块和陶瓷砌块等为墙体材料，辅以节点保温构造措施的自保温体系，即可满足夏热冬冷地区和夏热冬暖地区节能 50% 的设计标准。

二、主要技术内容及适用范围

1. 主要技术内容

由于砌块是多孔结构，其收缩受湿度、温度影响大，干缩湿胀的现象比较明显，墙体上会产生各种裂缝，严重的还会造成砌体开裂。

要解决上述质量问题，必须从材料、设计、施工多方面共同控制，针对不同的季节和不同的情况，进行处理控制。

（1）砌块在存放和运输过程中要做好防雨措施。使用中要选择强度等级相同的产品，应尽量避免在同一工程中选用不同强度等级的产品。

（2）砌筑砂浆宜选用黏结性能良好的专用砂浆，其强度等级应不小于 M5，砂浆应具有良好的保水性，可在砂浆中掺入无机或有机塑化剂。有条件的应使用专用的加气混凝土砌筑砂浆或干粉砂浆。

（3）为消除主体结构和围护墙体之间由于温度变化产生的收缩裂缝，砌块与墙柱相接处，须留拉结筋，竖向间距为 500~600mm，压埋 $2\phi6$ 钢筋，两端伸入墙体内不小于 800mm；另每砌筑 1.5m 高时应采用 $2\phi6$ 通长钢筋拉结，以防止收缩拉裂墙体。

（4）在跨度或高度较大的墙中设置构造梁柱。一般当墙体长度超过 5m 时，可在中间设置钢筋混凝土构造柱；当墙体高度超过 3m(≥120 mm 厚墙）或 4m(≥180 mm 厚墙）时，可在墙高中腰处增设钢筋混凝土腰梁。构造梁柱可有效地分割墙体，减少砌体因收缩变形产生的叠加值。

（5）在窗台与窗间墙交接处是应力集中的部位，容易受砌体收缩产生裂缝，因此，宜在窗台处设置钢筋混凝土现浇带以抵抗变形。此外，在未设置圈梁的门窗洞口上部的边角处也容易产生裂缝和空鼓，宜用圈梁取代过梁，墙体砌至门窗过梁处，应停一周后再砌以上部分，以防应力不同造成八字缝。

（6）外墙墙面水平方向的凹凸部位（如线角、雨罩、出檐、窗台等）应做泛水和滴水，以避免积水。

2. 适用范围

适用范围为夏热冬冷地区和夏热冬暖地区外墙、内隔墙和分户墙。适用于高层建筑的填充墙和低层建筑的承重墙，如作为多层住宅的外墙、作为框架结构的填充墙、各种体系的非承重内隔墙等。

加气混凝土砌块之所以在世界各地得到广泛采用和发展，并受到我国政府的高度重视，是因为它具有一系列的优越性。废渣加气混凝土砌块作为建筑加气混凝土砌块中的新型产品，比普通加气混凝土砌块更具环保优势，具有良好的推广应用前景。应用实例有广州发展中心大厦、广州凯旋会、北京丰台世嘉丽晶小区、中国建筑文化中心、科技部节能示范楼、京东方生活配套楼等。

三、绿色施工技术管理的推进建议

绿色施工实施顺利开展的关键因素就是绿色施工技术的管理，绿色施工的技术管理也离不开实际情况。因此，结合实际现场施工情况，对建筑工程进行绿色施工技术管理才是绿色施工的根本。

（一）建立完整信息库

现如今随着我国绿色施工意识的普及，企业对绿色施工理念的实施愈发高涨。处于行业引领的先进企业已经积累有关绿色施工的经验，相关流程的实施经验丰富而系统。其他希望引进绿色施工的企业要想开展这一领域就显得有些艰难。建立健全的信息储备系统就显得尤为重要，系统的信息库可以将绿色施工技术的管理的信息总结，实时发布行业领先水平企业的施工经验教训，让起步较晚、经验不丰富的企业有走捷径的途径。

（二）组织绿色施工评比活动

健全的绿色施工技术评比活动不但可以促进建筑行业更加规范化，也会使推动企业的绿色施工技术管理，展示自己优势的同时，认识自己的不足，从而使整个建筑行业的绿色施工及时管理更加规范化、规模化。积极组织并参与绿色施工技术的评比活动不仅可以提高大家低碳节能环保的意识，又能促进绿色施工技术管理更加完善，贯彻落实可持续发展理念。

（三）完善网络共享平台

当今是互联网信息化的时代，先进企业将经济效果明显、施工程序完善的绿色施工管理上传到平台供其他公司共享，企业在绿色施工尚有疑问的地方也可以在平台提出问题，由有此类绿色施工经验的企业解答，建立开放式学习培训平台，企业间相互学习借鉴，提升相关绿色施工能力，达到绿色施工技术管理的推广的目的。

（四）编制绿色施工技术规范

绿色施工的实施离不开绿色施工技术的管理，因此，绿色施工技术的规范管理，是保障绿色施工顺利开展的理论依据。绿色施工技术规范管理条例既能解答绿色施工中的疑惑和问题，又能起到很好的规范管理作用，为建筑行业绿色施工的快速推进奠定了基础，是绿色施工中不可或缺的标准。

（五）绿色施工技术管理的创新研究

绿色施工技术目前还处于完善中，许多与绿色施工技术相关的创新研究和应用应当逐步开展，将绿色施工技术的管理落到实处。想要绿色施工持续健康的发展，需积极开发绿色施工技术，通过创新实践总结出新工艺、新方法，将能源和材料高效利用，摒弃陈旧落后的施工工艺，践行"可持续发展"理念。

第五节 粘贴保温板外保温系统施工技术

1. 粘贴聚苯乙烯泡沫塑料板外保温系统

（1）主要技术内容

粘贴保温板外保温系统施工技术是指将燃烧性能符合要求的聚苯乙烯泡沫塑料板粘贴于外墙外表面，在保温板表面涂抹抹面胶浆并铺设增强网，然后做饰面层的施工技术。

聚苯板与基层墙体的连接有粘结和粘锚结合两种方式。保温板为模塑聚苯板（EPS板）或挤塑聚苯板（XPS板）。

（2）技术指标

系统应符合相关标准要求。

（3）适用范围

该保温系统适用于新建建筑和既有房屋节能改造中各种形式主体结构的外墙外保温，适宜在严寒、寒冷地区和夏热冬冷地区使用。

2. 粘贴岩棉（矿棉）板外保温系统

（1）主要技术内容

外墙外保温岩棉（矿棉）施工技术是指用胶黏剂将岩（矿）棉板粘贴于外墙外表面，并用专用岩棉锚栓将其锚固在基层墙体，然后在岩（矿）棉板表面抹聚合物砂浆并铺设增强网，然后做饰面层，其特点是防火性能好。

（2）技术指标

该系统应符合相关要求。

（3）适用范围

该保温系统适用于低层、多层和高层建筑的新建或既有建筑节能改造的外墙保温，适宜在严寒、寒冷地区和夏热冬冷地区使用。

第六节 现浇混凝土外墙外保温施工技术

一、TCC建筑保温模板施工技术

1. 主要技术内容

TCC建筑保温模板体系是一种保温与模板一体化保温模板体系。该技术将保温板辅以特制支架形成保温模板，在需要保温的一侧代替传统模板，并同另一侧的传统模板配合使用，共同组成模板体系。模板拆除后结构层和保温层即成型。

2. 技术指标

保温材料为XPS挤塑聚苯乙烯板，保温性能和厚度符合设计要求，燃烧性能等技术性能符合要求。

3. 适用范围

适用于有节能要求的新建剪力墙结构建筑工程。

4. 已应用的典型工程

上海锦绣满堂住宅小区。

二、现浇混凝土外墙外保温施工技术

1. 主要技术内容

现浇混凝土外墙外保温施工技术是指在墙体钢筋绑扎完毕后，浇灌混凝土墙体前，将保温板置于外模内侧，浇灌混凝土完毕后，保温层与墙体有机地结合在一起。聚苯板可以是EPS，也可以是XPS。当采用XPS时，表面应做拉毛、开槽等加强黏结性能处理，并涂刷配套的界面剂。按聚苯板与混凝土的连接方式不同可分为两种。

（1）有网体系：外表面有梯形凹槽和带斜插丝的单面钢丝网架聚苯板（EPS或XPS），在聚苯板内外表面及钢丝网架上喷涂界面剂，将带网架的聚苯板安装于墙体钢筋之外，用塑料锚栓穿过聚苯板与墙体钢筋绑扎，安装内外大模板，浇灌混凝土墙体，拆模后有网聚苯板与混凝土墙体连接成一体。

（2）无网体系：采用内表面带槽的阻燃型聚苯板（EPS或XPS），聚苯板内外表面喷涂界面剂，安装于墙体钢筋之外，用塑料锚栓穿过聚苯板与墙体钢筋绑扎，安装内外大模板，浇灌混凝土墙体，拆模后聚苯板与混凝土墙体连接成一体。

2. 技术指标

（1）系统应符合要求。

（2）保温板与墙体必须连接牢固，安全可靠，有网体系、无网体系板面附加锚固件可用塑料锚栓，锚入墙内长度不得小于50mm。

（3）保温板与墙体的自然黏结强度，EPS板≥0.10MPa，XPS板≥0.20MPa。

（4）有网体系板与板之间垂直缝表面钢丝网之间应用火烧丝绑扎，间距≤150mm，或用附加网片左右搭接。钢丝网和火烧丝应注意防锈。

（5）无网体系板与板之间的竖向高低槽应用保温板胶黏剂黏结。

3. 适用范围

该保温系统适用于低层、多层和高层建筑的现浇混凝土外墙，适宜在严寒、寒冷地区和夏热冬冷地区使用。

4. 已应用的典型工程

北京玉渊潭公寓建筑面积、北京大屯220号院。

第七节 硬泡聚氨酯喷涂保温施工技术

一、主要技术内容

外墙硬泡聚氨酯喷涂施工技术是指将硬质发泡聚氨酯喷涂到外墙外表面，并达到设计要求的厚度，然后作界面处理、抹胶粉聚苯颗粒保温浆料找平层，薄抹抗裂砂浆，铺设增强网，再做饰面层。

二、适用范围

适用于抗震设防裂度≤8度的多层及中高层新建民用建筑和工业建筑，也适用于既有建筑的节能改造工程。

三、操作要点及注意事项

1. 施工准备

（1）基层墙体应符合相应基层墙体质量验收规范的要求并通过验收。

（2）混凝土梁或墙面的钢筋头和凸起物清除完毕。

（3）主体结构的变形缝应提前做好处理。

（4）聚氨酯硬泡保温材料喷涂前应做好门窗框等的保护，宜用塑料布或塑料薄膜等对应遮挡部位进行防护。

（5）施工现场架子管、器械及施工现场附近的车辆等易污染的物件都应罩护严密，以防止被喷涂现场漂移的聚氨酯污染。

（6）喷涂施工时的环境温度宜为 10~40℃，风速应不大于 5m/s（3 级风），相对湿度应小于 80%，雨天不得施工。当施工时环境温度低于 10℃ 时，应采取可靠的技术措施保证喷涂质量。

（7）喷枪头距作业面的距离应根据喷涂设备的压力进行调整，不宜超过 1.5m；喷涂时喷枪头移动的速度要均匀。在作业中，上一层喷涂的聚氨酯硬泡表面不粘手后，才能喷涂下一层。

（8）喷涂后的聚氨酯硬泡保温层应充分熟化 48~72h 后，再进行下道工序的施工。

（9）喷涂后的聚氨酯硬泡保温层表面平整度允许偏差不大于 6mm。

（10）喷涂施工作业时，门窗洞口及下风口宜做遮蔽，防止泡沫飞溅污染环境。

（11）喷涂后在进行下道工序施工之前，聚氨酯硬泡保温层应避免雨淋，遭受雨淋的应彻底晾干后方可进行下道工序施工。

2. 喷涂硬泡聚氨酯保温层

开启聚氨酯喷涂机将硬泡聚氨酯均匀地喷涂于墙面之上，当厚度达到约 10mm 时，按 300mm 间距、梅花状分布插定厚度标杆，每平方米密度宜控制在 9~10 支。然后继续喷涂至与标杆齐平（隐约可见标杆头）。施工喷涂可多遍完成，每次厚度宜控制在 10mm 以内。

3. 修正硬泡聚氨酯保温层

喷涂完 20min 后用裁纸刀、手锯等工具清理、修整遮挡部位以及超过保温层总厚度的突出部分。在聚氨酯表面喷涂 15mmJYD 内外墙无机生态保温砂浆找平和补充保温。

四、材料与设备

1. 材料准备

聚氨酯硬泡

以 A 组分料和 B 组分料混合反应形成的具有防水和保温隔热等功能的硬质泡沫塑料，称为聚氨酯硬质泡沫，简称聚氨酯硬泡。

A 组分料是指由组合多元醇（组合聚醚或聚酯）及发泡剂等添加剂组成的组合料，俗称白料。A 组分料是形成聚氨酯硬泡的必要原料之一。B 组分料是指主要成分为异氰酸酯的原材料，俗称黑料。B 组分料也是形成聚氨酯硬泡的必要原料之一。

2. 质量控制

（1）基层处理：基层墙体垂直、平整度应达到结构工程质量要求。要求墙面清洗干净，无浮土、无油渍、空鼓及松动，风化部分剔掉。

（2）保温层与墙体以及各构造层之间必须黏结牢固，无脱层、空鼓、裂缝，面层无风化、起皮、爆灰等现象。

（3）喷涂完硬泡聚氨酯及 JYD 内外墙无机生态保温砂浆的墙体应防止重物撞击。

（4）质量验收

外墙外保温工程施工质量检验与验收，应按有关规定进行。

3. 主控项目

（1）所用材料和半成品、成品进场后，应做质量检查和验收，其品种、配比、规格、性能应符合设计和有关标准的要求。

（2）聚氨酯保温层厚度必须符合设计要求，平均厚度不允许出现负偏差。

（3）聚氨酯保温层喷涂质量应无流挂、塌泡、破泡、烧芯等不良现象，泡孔均匀、细腻，24h 无明显收缩。

（4）保温层与墙体以及各构造层之间必须黏结牢固，无脱层、空鼓及裂缝，面层无风化、起皮、爆灰。

五、安全措施

1. 经常进行安全教育，提高每个施工人员的安全意识。

2. 建立健全施工安全保障体系，设立专门的安全监督员。

3. 保温施工现场和材料库房严禁烟火，在合适地段（位置）配置灭火设备，均悬挂安全标志，对施工人员采取必要的劳动保护手段。

4. 配齐配足安全防护用品（安全绳、防护手套、护目镜、劳保鞋等），为施工人员办劳动保险。

六、环保措施

1. 实施环境管理体系，成立以项目经理为首的检查小组，定期对单项或整体进行监督检查。严把质量关的同时，消除污染周边环境隐患。

2. 生产过程中产生的聚氨酯废弃物，应卖给有资质的专业单位采用化学回收的方法充分利用，在降低成本的同时使废弃资源得到二次利用。

3. 冲洗喷枪及砂浆等废水必须经沉淀后排入市政污水管道。

4. 喷涂时，应掌握好风向，在下风处非喷涂范围处采取相应措施进行隔离。

七、效益分析

1. 工程质量优良

喷涂硬泡聚氨酯涂料饰面外墙外保温系统，具有保温效果好、优异的防火性能、优异的抗湿热性能、界面处理有效提高相邻材料的黏结力、对主体结构变形适应能力强、抗裂性能好等优异的技术特点，可以保证优良的工程质量。

2. 施工效率高

其现场机械化喷涂的做法大大提高了施工效率，缩短了工期且操作合理、简便。

3. 环保性好

保温材料本身化学稳定性高，且是非氟利昂型的，不会对环境造成危害，环保性能好。

4. 充分利用废弃物

保温材料生产过程中采用化学回收的方法，充分利用聚氨酯和聚氨酯的废弃物，在降低成本的同时使废弃资源得到二次利用。

第八节 工业废渣及（空心）砌块应用技术

1. 主要技术内容

工业废渣及（空心）砌块应用技术是指将工业废渣制作成建筑材料并用于建设工程。工业废渣应用于建设工程的种类较多，本节介绍两种，一是磷铵厂和磷酸氢钙厂在生产过程中排出的废渣，制成磷石膏标砖、磷石膏盲孔砖和磷石膏砌块等；二是以粉煤灰、石灰或水泥为主要原料，掺加适量石膏、外加剂、颜料和集料等，以坯料制备、成型、高压或常压养护而制成的粉煤灰实心砖。

粉煤灰小型空心砌块是以粉煤灰、水泥、各种轻重集料、水为主要组分（也可加入外加剂等）拌和制成的小型空心砌块，其中粉煤灰用量不应低于原材料重量的20%，水泥用量不应低于原材料重量的10%。

2. 技术指标

磷石膏砖技术指标参照《蒸压灰砂空心砖》的技术性能要求，粉煤灰小型空心砌块的性能应满足《粉煤灰混凝土小型空心砌块》的技术要求，粉煤灰砖的性能应满足《粉煤灰砖》的技术要求。

3. 适用范围

磷石膏砖可适用于砌块结构的所有建筑的非承重墙外墙和内填充墙；粉煤灰小型空心砌块适用于一般工业与民用建筑，尤其是多层建筑的承重墙体及框架结构填充墙。

第九节 铝合金窗断桥技术

1. 主要技术内容

隔热断桥铝合金的原理是在铝型材中间穿入隔热条，将铝型材断开形成断桥，有效阻止热量的传导，隔热铝合金型材门窗的热传导性比非隔热铝合金型材门窗降低40%~70%。中空玻璃断桥铝合金门窗自重轻、强度高，加工装配精密、准确，因而开闭轻便灵活，无噪声，密度仅为钢材的1/3，其隔音性好。

断桥铝合金窗指采用隔热断桥铝型材、中空玻璃、专用五金配件、密封胶条等辅件制作而成的节能型窗。主要特点是采用断热技术将铝型材分为室内外，采用的断热技术包括穿条式和浇注式两种。

2. 技术指标

断桥铝合金窗应符合相关地区节能设计标准要求。铝合金窗受力构件应经试验或计算确定。未经表面处理的型材最小实测壁厚 ≥ 1.4mm。

3. 适用范围

适用于各类形式的建筑物外窗。

第十节 太阳能与建筑一体化应用技术

一、区域能源规划

综合资源规划方法是在世界能源危机以后，20世纪80年代初首先在美国发展起来的一种节约能源、改善环境、发展经济的有效手段。石油危机和中东战争之后，美国学者提出了电力部门的"需求侧管理"理论，其中心思想是通过用户端的节能和提高能效，降低电力负荷和电力消耗量，从而减少供应端新建电厂的容量，节约投资。需求侧管理的实施，引起对传统的能源规划方法的反思，将需求侧管理的思想与能源规划结合，就产生了全新的"综合资源规划"（Integrated Resource Planning，IRP）方法。

1. 综合资源规划的思想

综合资源规划是除供应侧资源外，把资源效率的提高和需求侧管理也作为资源进行资源规划，提供资源服务，通过合理地利用供需双方的资源潜力，最终达到合理利用能源、控制环境质量、社会效益最大化的目的。IRP方法的核心是改变过去单纯以增加资源供给来满足日益增长的需求的思维定式，将提高需求侧的能源利用率而节约的资源统一作为一种替代资源看待。与传统的"消费需求—供应满足"规划方法不同，IRP方法不是一味地采取扩容和扩建的措施来满足需求，而是综合利用各种技术提高能源利用率。

把节能量、需求侧管理、可再生能源，以及分散的和未利用能源作为潜在能源来考虑。另外，把对环境和社会的影响纳入资源选择的评价与选择体系。IRP方法带来了资源的市场或非市场的变化，其期望的结果是建立一个合理的经济环境，以此来发展和利用末端节能技术、清洁能源、可再生能源和未利用能源。与传统方法相比，由于包含了环境效益和社会效益的评价，综合资源规划方法更显示出其强大生命力。

2. 综合资源规划思想在建筑能源规划中的应用

建筑能源规划是建筑节能的基础，在规划阶段就应该融合进节能的理念，建筑节能应从规划做起。目前，我国城市（区域）建筑能源规划中，仍是传统的规划方法，其有如下特点。

（1）在项目的选择和选址中以经济效益为先，例如地价和将来市场前景。

（2）在考虑能源系统时，指导思想是"供应满足消费需求"。采取扩容和扩建的措施，扩大供给、满足需求，从而成为一种"消费—供应—扩大消费—扩大供应"的恶性循环，在总体规划上，重能源生产、轻能源管理。

（3）在预测需求时，一般按某个单位面积负荷指标，乘以总建筑面积，往往还要再按大于1的安全系数放大。负荷偏大是我国多个区域供冷项目和冰蓄冷项目经济效益差的主要原因。

（4）如果在区域规划中不考虑采用区域供冷或热电冷联供系统，规划中就会把空调供冷摒弃在外。随着全球气候变化和经济发展，空调已经成为公共建筑建设中重要的基础设施。我国城市中越来越大的空调用电负荷成为城市管理中无法回避的问题。

（5）区域规划中对建筑节能没有"额外"要求，只要执行现行的建筑节能设计标准就都是节能建筑。实际上，执行设计标准只是建筑节能的底线，是最低的入门标准，设计达标是最起码的要求。

因此，在建筑能源规划中如要克服以上的不足或缺点，必须寻求更为合理的规划方法，综合资源规划方法就为建筑能源规划提供了很好的思路。

IRP方法与传统规划方法的区别。

（1）IRP方法的资源是广义的，不仅包括传统供应侧的电厂和热电站，还包括需求侧采取节能措施节约的能源和减少的需求，可再生能源的利用，余热、废热以及自然界的低品位能源，即所谓"未利用能源"。

（2）IRP方法中资源的投资方可以是能源供应公司，也可以是建筑业主、用户和任何第三方，即IRP实际意味着能源市场的开放。

（3）正因为IRP方法涉及多方利益，因此区域能源规划不再只是能源公司的事，而应该成为整体区域规划中的一部分。

（4）传统能源规划是以能源供应公司利益最大化为目标，而IRP方法不仅要考虑经济效益的"多赢",还要考虑环境效益、社会效益和国家能源战略的需要。

应用 IRP 方法和思路，区域建筑能源规划可以分为以下步骤。

（1）设定节能目标。在区域能源规划前，首先要设定区域建筑能耗目标，以及该区域环境目标。这些目标主要有：1）低于本地区同类建筑能耗平均水平；2）低于国家建筑节能标准的能耗水平；3）区域内建筑达到某一绿色建筑评估等级，例如，我国绿色建筑评估标准中的"一星、二星、三星"等级；4）根据当地条件，确定可再生能源利用的比例；5）该区域建成后的温室气体减排量。

（2）区域建筑可利用能源资源量的估计。区域建筑能源规划的第一步，是对本区域可供建筑利用的能源资源量进行估计，这些资源包括：

1）来自城市电网、气网和热网的资源量；

2）区域内可获得的可再生能源资源量，如太阳能、风能、地热能和生物质能；

3）区域内可利用的未利用能源，即低品位的排热、废热和温差能，如江河湖海的温差能、地铁排热、工厂废热、垃圾焚烧等；

4）由于采取了比节能设计标准更严格的建筑节能措施而减少的能耗；

5）采用区域供热供冷系统时，由于负荷错峰和考虑负荷参差率而降低的能耗。

（3）区域建筑热电冷负荷预测。负荷预测是需求侧规划的起点，在整个规划过程中起着至关重要的作用，由于负荷预测的不准确导致的供过于求与供应不足的状况，都会造成能源和经济的巨大损失，所以负荷预测是区域建筑能源规划的基础，负荷预测不准确，区域能源系统如建立在沙滩上的楼阁。区域建筑能源需求预测包括建筑电力负荷预测和建筑冷热负荷预测两部分。

（4）需求侧建筑能源规划。在基本摸清资源和负荷之后，首先要研究需求侧的资源能够满足多少需求。根据区域特点，要考虑资源的综合利用和协同利用，以最大限度利用需求侧资源。综合利用的基本方式是：1）一能多用和梯级利用；2）循环利用；3）废弃物回收。综合利用中必须考虑是否有稳定和充足的资源量，综合利用的经济性，以及综合利用的环境影响，不能为"利用"而利用。

（5）能源供应系统的优化配置。能源规划最重要的一步是能源的优化配置，这是进行能源规划的关键意义所在。应用 IRP 方法进行建筑能源的优化配置时，需求侧的资源，如可利用的可再生能源、未利用能源、在区域级别上的建筑负荷参差率，以及实行高于建筑节能标准而得到的负荷降低率等；以及供应侧的资源，如来自城市电网、气网和热网的资源量等，两者结合起来共同组成建筑能源供应系统，其中需求侧的资源可视为"虚拟资源"或"虚拟电厂"，改变了传统能源规划中"按需供给"，即有多少需求就用多少传统能源（矿物能源）来满足的做法。

（6）实行比国家标准节能率更高的区域建筑节能标准。制定区域节能标准可以在国家标准的基础上从以下几个方面入手：

1）将国家标准中的非强制性条款变为强制性；

2）提高耗能设备的能效等级，即在产品招投标中设置能效门槛；

3）制定本区域的建筑能耗限值；

4）根据区域建成后的管理模式，制定有利于能源管理的技术措施（如分系统能耗计量），并作为设计任务下达，改变过去建筑设计与管理脱节的现象；

5）根据区域特点，制定本区域建筑可再生能源利用的技术导则。

（7）区域建筑能源规划的环境影响评价。区域建筑能源规划中的环境影响评价，一般应包括以下内容。

1）自然环境评价。当地风环境、水环境、土壤环境、空气环境的评价。如果是土地再开发项目，还应掌握该地块的使用历史和污染历史。

2）自然通风可利用性评价。根据当地全年气象参数和区域建筑布局，通过 CFD 模拟，分析区域内建筑利用自然通风的可行性。重点在两个方面：一是自然通风实现"免费供冷"的可利用性，特别要注意室外相对湿度的影响，相对湿度高于 70% 的空气，不宜引入室内；二是自然通风改善室内空气品质的可利用性，通过空气指标进行评价。

3）能源效率评价。对能源规划中能源系统整体效率做预测，估计一次能源侧（如火力发电）增加的污染排放。

4）空气污染预测。对于采用热电冷联供和分布式能源系统，以及采用锅炉供热的项目，必须分析原动机（或锅炉）烟气排放带来的空气污染。通过 CFD 模拟，分析：区域空气污染的扩散；周边污染物对该区域的影响；高层建筑形成的街区峡谷效应对污染物扩散及分布的影响；区域能源中心或能源站点选址对大气污染的影响。

5）热污染预测。对于区域内采用的不同能源系统做不同分析：

向空气排热的系统，结合风环境评价，进行区域热岛效应的分析；向地表水排热和取热的系统，结合水文资料，对水体的温升（降）以及对这种温升（降）对水体生态所造成的影响做预测分析；向土壤排热和取热的系统，结合地质资料，对土壤热平衡和地温变化进行预测分析；利用地下水作冷热源的系统，必须严格控制取水与回灌的量、预测回灌水对地下生态的影响。

（8）区域开发中的全程节能管理。区域开发中应当通过全程管理实现节能目标。首先，是能源规划的听证和公众参与制度；其次，可以通过商业化模式及融资和合同能源管理引进外部资源来建设区域能源系统，采用何种运作模式将在很大程度上影响能源系统的方案。

3. 区域能源负荷预测

负荷预测是需求侧规划的起点，其准确性直接影响区域能源规划质量的优劣。在区域能源规划中电力负荷预测方法的研究相对成熟；而对建筑冷热负荷的预测，特别是建筑冷负荷预测，则研究得很不够。下面分别对电力负荷预测和建筑冷热负荷预测做简单介绍。

（1）电力负荷预测

电力负荷预测是电网规划的基础性工作，其实质是利用以往的数据资料找出负荷的变化规律，从而预测出未来时期电力负荷的状态及变化趋势。电力负荷预测根据提前时间的长短可分为短期负荷预测和中长期负荷预测。对于不同的预测其方法也不相同，目前常用的预测方法主要是经典预测方法和现代预测方法。经典预测方法主要包括指数平滑法、趋势外推法、时间序列法和回归分析法；而现代预测方法主要有灰色系统方法、小波分析法、专家系统方法、神经网络和模糊分析方法等，特别是神经网络和模糊分析方法得到了充分应用。

（2）建筑冷热负荷预测

单体建筑负荷预测模型有很多种，如数值模拟方法、气象因素相关分析、神经元网络、小波分析法等。数值模拟方法通过设定建筑围护结构、气候因素和室内人员设备密度等参数，确定合理的计算模式，最终可以得到建筑物的逐时负荷，现在常用的模拟软件有 Energy Plus、Dest、DOE-2 等。气象因素相关分析方法是通过分析建筑能耗随着气候参数的变化规律来预测建筑负荷，需要有大量的调查和测量数据作为基础。

目前，在区域级的建筑冷热负荷预测中沿用了单体建筑负荷估算的方法，即单位面积负荷指标方法。这种估算方法对于区域级的能源供应而言存在很多问题。对采暖负荷而言，负荷指标只考虑作为不利因素的气象因素，即将围护结构传热的影响扩展到整个建筑，这对温差传热因素占支配地位的住宅建筑还是有效的，但大型公共建筑（如商场和大型办公楼）都有很大的内区，理论上内区终年需要供冷，此方法无疑加大了负荷预测；对于区域集中供冷的区域建筑冷负荷预测，一般的估算方法是利用同时使用系数法，即单位面积负荷指标乘以建筑面积，然后再乘以区域建筑的同时使用系数得到总冷负荷，但同时使用系数的确定缺乏依据，此方法得到的负荷并不能准确地反映区域建筑的冷负荷。

正确的区域冷热负荷预测应采用情景分析方法，即用典型的气候条件、建筑物使用时间表、内部负荷强度的不同组合，用建筑能量分析软件得出几种情景负荷，并确定峰荷、腰荷和基荷。进一步分析各情景负荷的出现概率，最终确定区域的典型负荷曲线。有了负荷分布，才能合理分配负荷，掌握系统的冗余率和不保证率，并与能源系统的运行率相匹配，取得最大的效益。

在负荷分布确定过程中，必须对区域内未来影响负荷分布的因素进行预测分析，这些因素包括：

1）建筑形式（空间布局、高度、朝向、围护结构）；

2）园区环境（日照、风环境、水资源、污染）；

3）进入园区的产业工艺能耗特点，如高科技产业将传统产业工艺能耗转化为建筑能耗；高星级酒店多能耗品种需求，外包服务产业能耗的连续性（24h 营业），是否能形成生物质能源利用的循环链；

4）与区域或城市规划方案以及"大能源"的协调；

5）与室内环境方案的协调（室内供冷供热系统需要的参数）；

6）能源系统的管理和运作模式（是否采用合同能源管理模式，冷量、热量的合理价格等）。

4. 区域资源可利用量分析

作为综合资源规划的一个组成部分，能源资源估计的目的在于为能源规划者提供关于可取得的能源资源的数量和成本的信息。能源资源可利用量分析必须使能源规划者取得一些数据供综合资源规划之用，这些数据可以归纳为如下一些问题。

（1）目前可得的能源资源总量。对于非再生能源，应是公用事业部门所提供的能源总量及其禀赋（如提供的电压等级）；对于可再生能源，则是每年（或一定周期内）在一定范围内可收集的量值。可以利用地理信息系统（GIS）、遥感等现代化手段对区域内资源进行评估。

（2）资源的增加（减少）速率。对于非再生能源，这一速率应根据当地总体的能源发展规划；对于可再生能源应是根据技术开发程度和当地土地利用和产业结构的远景规划而定。

（3）资源的年生产能力。即每年（或一定周期内）能取得供使用的能源量，它涉及各种制约条件及政策因素对生产率的影响。比如，规划区域内能够利用的太阳能集热面积、太阳能建筑一体化与区域内建筑设计的协调、区域内可提供的土壤源热泵的埋管面积、可再生电力并网或上网的政策等，以便提出最大可利用资源量。

（4）资源成本。涉及每单位能源的生产成本。

由于可再生能源与非再生能源的区别，在估计可再生能源时，必须考虑可提供的资源量、资源生产率和资源生产的经济性问题。下面就区域建筑能源规划中的几种能源做简单分析。

1）太阳能

决定太阳能资源量的基本参数是地球表面接收的太阳辐射量，通常用"日射率"表示这一辐射量，其定义为地表水平平面上每单位时间接收的辐射能。但将某地区全部地面面积上单位时间内的太阳辐射量相加得到的数值作为太阳能资源量，这样的资源量定义对能源规划没有意义，因为忽略了收集太阳能并使其转化为有用功的技术经济限制，这些限制包括技术的可得性、太阳能集热器的允许占地面积以及采用这些技术的经济性。因此，估计太阳能可利用量时首先需要对太阳能设备的技术性能做某些假设。

在能源规划中，对太阳能利用潜力的估计取决于所考虑的具体应用类型及其与常规能源系统争夺市场的前景。评价太阳能应用潜力的方法是：首先确定一种具体用途；其次决定在此用途上太阳能可能应用的上限。通过仔细选取此上限，实际上就定义了该种用途上的太阳能资源量，最后根据综合能源分析决定实际市场份额。按照此方法需要获取太阳辐射水平、设备技术性能和对应用开拓最大份额的估计三种信息。

评价各种太阳能系统的经济性可采用全寿命周期成本分析方法。由于太阳能系统的初投资比常规能源大得多，全寿命周期成本分析是评价其经济性所必需的。

2）土壤蓄能

土壤蓄能在建筑中的开发应用主要在于与热泵技术相结合，应用于供暖、制冷空调和供热水，土壤源热泵技术（GSHP）已经成为降低建筑能耗和环境污染的一项很有发展前景的技术，利用地壳的浅层地表土壤（包括地下水）中的蓄能为建筑物提供冷量或热量。地壳浅层土壤蓄能指地下深度 400m 范围内的土壤层中蓄存的相对稳定的低品位热能。影响土壤蓄能量的因素主要是浅层土壤岩石层的热特性和地下水的流动特性，因此需要准确计算或测量地下岩土层的温度场、地表热流值以及地下水流动对换热的影响。从土壤中得到的可利用能源实际是地下埋管与土壤之间的换热量，那么埋入土壤中的管道数是决定因素。土壤源热泵埋管形式有水平埋管和竖直埋管两种。水平埋管占地面积大，不适合密集型区域建筑；垂直埋管占地面积小，但涉及钻探工程，施工困难，投资大。所以在计算其可利用量时，要综合考虑当地水文地质结构、有效的土地面积和投资费用等因素。

建筑节能潜力是指在实行更高的建筑节能标准从而提高能源利用率所减少的那部分建筑能耗量。节能潜力可以通过能耗模拟技术进行预测，并作为虚拟能源体现在区域建筑能源规划中。建筑节能是建立在技术创新之上的，建筑节能技术有很强的地域性和气候适应性特点，没有所谓全国全世界都适用的技术，更没有采用某种技术就绝对节能的建筑，只有通过精心设计才能实现相对的节能，所以要计算节能技术的节能量，必须建立可行性分析、评估和检测等配套技术，同时加强能源管理，建立建筑能耗统计制度和建筑能耗评估体系，从而得到节能的量化值。

5. 区域能源系统的选择

目前，常用的区域能源系统有：集中供电，全分散供冷、供热；区域供热（DH），分散空调（按房间）；区域供热（DH），集中空调（按建筑）；区域供冷、供热（DHC）；区域供冷，集中供热（热源来自市政热网）；区域供冷、供热、供电（DCHP）；半分散区域供冷、供热（集中供应热源和热汇水，分散使用水源热泵），又称"能源总线"方式；分布式能源、楼宇热电冷联供，通过"微网"技术实现区域互联，又称"能源互联网"方式。

选择系统，必须做技术经济分析。区域能源系统的选择，在满足建筑功能对空调需求的前提下，需要着重考虑以下几方面因素。

（1）节能效果

能源系统的节能特性是选择能源系统的最重要的评价指标之一。虽然不同的能源系统所使用的能源形式可能有所差别，比如，蒸汽压缩式制冷采用二次能源电力作为投入能源，而蒸汽吸收式制冷则以天然气或重油等一次能源作为投入能源（也有利用废热的情况），但可以将不同类型的投入能源均转换为一次能源的标准煤作为基准，对比不同系统的相对节能特性。此外，还要考虑系统的用能效率。实现能源利用的三"R"，即 Reduce（减量化）、Reuse（再利用）、Recycle（循环利用）原则；实现能源的多种利用（多联产）、梯级利用和热回收。

（2）经济合理

能源系统运行费用是建筑物主要的经常性支出之一，因此区域能源系统的选择必须进行经济分析和比较，系统在寿命周期内运行费用的经济合理是衡量能源系统的重要指标。

由于能源的费用随供求关系的变动较大，因此经济性分析不但要考虑能源的当前价格，而且对其可能的价格变化趋势进行敏感性分析。对于商业化的区域供冷、供热或热电冷联供系统，必须考虑其热价、冷价能够被用户接受，即用户所负担的热价和冷价必须比他自己经营供冷、供热系统要便宜；还应考虑投资回报，以及在区域开发之初由于入住率低而造成的经营亏损。

（3）环保因素

能源系统的污染物排放和温室气体排放也是重要的评价指标。一般而言，使用电力等二次能源的系统可以在用户侧获得较好的环保效果，但在对比不同系统环保效果时，还需要折算能源利用在一次侧（如电厂）所造成的污染情况。环境问题已经成为全球化的问题，在当今世界任何区域都不可能将污染留给他人而独善其身。

（4）资源因素

区域能源系统的投入能源应该尽量因地制宜地采用当地容易获得的资源，避免能源的长距离输送，减少对外部能源的依赖，以提高能源系统的可靠性。

（5）决策理论

对于能源系统的优选，可以借助决策理论来进行。由于能源系统的选择一般要考虑多种限制因素，属于多目标决策，较常用的方法有成分分析方法、线性规划方法、模糊方法等，这些决策理论的基本原理虽不尽相同，但都可以实现对影响因素进行赋值或量化，并能对比不同能源系统方案在多种影响因素下总的效果。

二、太阳能热水系统

1. 太阳能热水系统分类

太阳能热水系统一般包括太阳能集热器、储水箱、循环泵、电控柜和管道等。太阳能热水系统按照其运行方式可分为自然循环式、自然循环定温放水式、直流式和强制循环式四种基本形式。目前，我国家用太阳能热水器和小型太阳能热水系统多采用自然循环式，而大中型太阳能热水系统多采用强制循环式或定温放水式。另外，无论家用太阳能热水器或公用太阳能热水系统，绝大多数都采用直接加热的循环方式，即集热器内被加热的水直接进入储水箱提供使用。

完全依靠太阳能为用户提供热水，从技术上讲是可行的，条件是按最冷月份和日照条件最差的季节设计系统，并考虑充分的热水蓄存，这样的系统需设置较大的储水箱。初期投资也很大，大多数季节要产生过量的热水，造成不必要的浪费。较经济的方案是：太阳能热水系统和辅助热源相结合，在太阳辐照条件不能满足制备足够热水的条件下，使用辅助热源予以补充。常用的辅助热源形式有电加热、燃气加热以及热泵热水装置等。电辅助加热方式具有使用简单、容易操作等优点，也是目前采用最多的一种辅助热源形式，但对水质和电热水器都有较高要求。在有城市燃气的地方，太阳能热水器还可以和燃气热水器配合使用，充分满足热水供应需求。在我国南方地区，宜优先考虑高效节能的空气源热泵热水器作为太阳能热水系统的辅助加热装置。

2. 建筑一体化太阳能热水系统的内涵

建筑作为人类的基本生存工具和文化体现，是一个复杂的系统、一个完整的统一体。将太阳能技术融入建筑设计中，同时继续保持建筑的文化特性，就应该从技术和美学两方面入手，使建筑设计与太阳能技术有机结合，将太阳能集热器与建筑整合设计并实现整体外观的和谐统一。这就要求在建筑设计中，将太阳能热水系统包含的所有内容作为建筑元素加以组合设计，设置太阳能热水系统不应破坏建筑物的整体效果。为此，建筑设计要同时考虑两个方面的问题：一是太阳能在建筑上的应用对建筑物的影响，包括建筑物的使用功能、围护结构的特性、建筑体形和立面的改变；二是太阳能利用的系统选择，太阳能产品与建筑形体的有机结合。当采用一体化技术时，太阳能系统成为建筑设计的一部分，这样可以提高系统的经济性，太阳能部件不能作为孤立部件，至少在建筑设计阶段应该加以考虑。而更加合理的做法是利用太阳能部件取代某些建筑部件，使其发挥双重功能、降低总的造价。具体而言，太阳能集热器与建筑一体化的优点如下。

（1）建筑的使用功能与太阳能集热器的利用有机结合在一起，形成多功能的建筑构件，巧妙高效地利用空间，使建筑向阳面或屋顶得以充分利用。

（2）同步规划设计，同步施工安装，节省太阳能系统的安装成本和建筑成本，一次安装到位，避免后期施工对用户生活造成的不便以及对建筑已有结构的损害。

（3）综合使用材料，降低总造价，减轻建筑载荷。

（4）综合考虑建筑结构和太阳能设备协调和谐，构造合理，使太阳能系统和建筑融合为一体，不影响建筑的外观。

（5）如果采用集中式系统，则还有利于平衡负荷和提高设备的利用效率。

（6）太阳能的利用与建筑相互促进、共同发展。

3. 建筑一体化太阳能热水系统设计途径

太阳能集热器与建筑一体化不完全是简单的形式观念，关键是要改变现有建筑的内在运行系统。具体的设计原则可以表述为：吸取技术美学的手法，体现各类建筑的特点，强调可识别性，利用太阳能构件为建筑增加美学趣味。

目前，太阳能热水系统与建筑一体化常见的做法是将太阳能集热器与南向坡屋面一体化安装，蓄热水箱隐蔽在屋面下的阁楼空间或放在其他房间。通过屋面的合理设计，太阳能集热器可以采用明装式、嵌入式、半嵌式等方法直接安装在屋面，其中，嵌入式安装的一体化效果最好，但在建筑结构设计中需要考虑好防水等问题。

安装在屋面上的太阳能集热器存在着连接管道较长、热损失大的缺陷；上屋面检查或维护较为困难，如果没有统一设计，就会破坏建筑形象。此外，对于大多数多层尤其高层建筑来说，有限的屋面面积难以满足用户的热水需求，从而阻碍了太阳能热水系统的推广应用。因此，开发研究新的太阳能建筑一体化方案已成为城市推广利用太阳能的必然趋势。

可行的方法是在南立面布置太阳能集热器，形成有韵律感的连续立面，包括外墙式（平板式太阳能集热器与南向玻璃幕墙一体化）、阳台式以及雨篷式。

三、太阳能制冷系统

1. 太阳能制冷的途径

近年来，太阳能热水器的应用发展很快，这种以获取生活热水为主要目的的应用方式其实与大自然的规律并不完全一致。当太阳辐射强、气温高的时候，人们更需要的是空调制冷而不是热水，这种情况在我国南方地区尤为突出。随着经济的发展和人民生活水平的提高，空调的使用越来越普及，由此给能源、电力和环境带来很大的压力。因此，利用取之不尽、清洁的太阳能制冷是一个理想的方案，可使太阳能得到更充分、更合理的利用，并利用低品位的太阳能为舒适性空调提供制冷，对节省常规能源、减少环境污染、提高人民生活水平具有重要意义，符合可持续发展战略的要求。

实现太阳能制冷有两条途径：一是太阳能光电转换，利用电力制冷；二是太阳能光热转换，以热能制冷。前一种方法成本高，以目前太阳能电池的价格来算，在相同制冷功率情况下，造价为后者的4~5倍。国际上，太阳能空调的应用主要是后一种方法。利用光热转换技术的太阳能空调一般通过太阳能集热器与除湿装置、热泵、吸收式或吸附式制冷机组相结合来实现。在太阳能空调系统中，太阳能集热器用于向再生器、蒸发器、发生器或吸附床提供所需要的热源，因而，为了使制冷机达到较高的性能系数（COP），应有较高的集热器运行温度。这对太阳能集热器的要求比较高，通常选用在较高运行温度下仍具有较高热效率的集热器。

2. 利用光热转换效应的太阳能制冷方式

（1）太阳能吸收式制冷系统

在热能制冷的多种方式中，以吸收式制冷最为普遍，国际上一般都采用溴化锂吸收式制冷机。太阳能吸收式制冷主要包括太阳能热利用系统以及吸收式制冷机组两大部分。太阳能热利用系统包括太阳能收集、转化以及储存等构件，其中最核心的部件是太阳能集热器。适用于太阳能吸收式制冷领域的太阳能集热器有平板集热器、真空管集热器、复合抛物面聚光集热器以及抛物面槽式等线聚焦集热器。吸收式制冷技术方面，从所使用的工质对角度看，应用广泛的有溴化锂—水和氨—水，其中溴化锂—水由于COP高、对热源温度要求低、没有毒性和对环境友好，因而占据了当今研究与应用的主流地位。从吸收式制冷循环角度看，主要有单效、双效、两级、三效以及单效/两级等复合式循环。目前应用较多的是太阳能驱动的单效溴化锂吸收式制冷系统。

我国在"九五"期间曾经在广东江门和山东乳山两地组织实施了太阳能空调重点科技攻关项目。中国科学院广州能源所在江门市建成100 kW太阳能空调系统。系统采用500 m² 高效平板太阳能集热器驱动双级溴化锂吸收式制冷机，热源设计水温为75℃。实验表明，热源水温在 60~65℃时仍能很稳定地制冷，COP 约为 0.4。北京太阳能研究所承担了乳山太阳能空调系统的设计工作，该系统采用 2160 支热管式真空管集热器，总采光面积 540m²，总吸热体面积 364m²。太阳能驱动的单效溴化锂吸收式制冷机可提供 100kW 左右的制冷功率，COP 达 0.70，整个系统的制冷效率可达 20% 以上。

"十五"期间，中国科学院广州能源所在天普新能源示范楼实施了太阳能溴化锂吸收式空调项目。建设一套采光面积 812 m² 的太阳能集热系统，系统的布置不仅可以满足太阳能集热器的安装要求，又能够保证新能源大楼造型美观、新颖别致，充分体现出太阳能与建筑一体化的特色。空调制冷采用一台 200 kW 单效溴化锂吸收式制冷机组，设计工况下热源温度 75~90℃，冷冻水温度 12~15℃。试验结果表明，太阳能制冷机组的制冷能力最高达到 266kW，运行中热力 COP 最高可达 0.8 以上，在高效真空管集热器配合下，系统总的制冷效率可达 0.20~0.30。

（2）太阳能吸附式制冷系统

太阳能固体吸附式制冷是利用吸附制冷原理，以太阳能为热源，采用的工质对通常为活性炭——甲醇、分子筛——水、硅胶——水及氯化钙——氨等。利用太阳能集热器将吸附床加热用于脱附制冷剂，通过加热脱附——冷凝——吸附——蒸发等环节实现制冷。太阳能吸附式制冷具有以下特点。

1）系统结构及运行控制简单，不需要溶液泵或精馏装置。因此，系统运行费用低，也不存在制冷剂的污染、结晶或腐蚀等问题。2）可采用不同的吸附工质对以适应不同的热源及蒸发温度。如采用硅胶—水吸附工质对的太阳能吸附式制冷系统可由 65~85℃的热水驱动，用于制取 7~20℃的冷冻水；采用活性炭——甲醇工质对的太阳能吸附制冷系统，可直接由平板或其他形式的吸附集热器吸收的太阳能驱动。3）系统的制冷功率、太阳辐射及空调制冷用能在季节上的分布规律高度匹配，即太阳辐射越强，天气越热，需要的制冷负荷越大时，系统的制冷功率也相应越大。4）与吸收式及压缩式制冷系统相比，吸附式系统的制冷功率相对较小。受机器本身传热传质特性以及工质对制冷性能的影响，增加制冷量时，就势必增加吸附剂并使换热设备的质量大幅度增加，因而增加了初投资，机器也会显得庞大而笨重。此外，由于地面上太阳辐射的能流密度较低，收集一定量的加热功率通常需较大的集热面积。受以上两个方面因素的限制，目前研制成功的太阳能吸附式制冷系统的制冷功率一般较小。5）由于太阳辐射在时间分布上的周期性、不连续性及易受气候影响等特点，太阳能吸附式制冷系统用于空调或冷藏等应用场合通常需配置辅助热源。

目前，已研制出的太阳能吸附式制冷系统种类繁多，结构也不尽相同，可以按系统的用途、吸附工质对及吸附制冷循环方式等对其进行分类。

上海交通大学成功研制硅胶水吸附冷水机组，其容量为 8.5kW，可以采用 60~85℃热水驱动，获得 10℃冷冻水。该制冷机与普通真空管太阳能集热器结合即可形成高效的太阳能吸附制冷系统，正常夏季典型工况可以获得连续 8h 以上的空调制冷输出。上海建筑科学研究院生态办公示范楼的 15 kW 太阳能吸附式空调系统，实验数据表明：相对于吸附床耗热量的平均制冷性能系数（系统 COP）为 0.35；相对于日总太阳辐射量的平均制冷性能系数（太阳 COP）为 0.15；在全天 8h 运行期间，太阳能吸附式空调系统相对于耗电量的日平均制冷性能系数（电力 COP）为 8.19。

（3）太阳能除湿空调系统

干燥剂除湿冷却系统属于热驱动的开式制冷，一般由干燥剂除湿、空气冷却、再生空气加热和热回收等几类主要设备组成。其中，干燥剂有固体和液体，以及固定床和回转床之分；空气冷却有水冷、直接蒸发冷却和间接蒸发冷却之分；再生用热源来自锅炉、直燃、太阳能等。干燥剂系统与利用闭式制冷机的空调系统相比，具有除湿能力强、有利于改善室内空气品质、处理空气不需再热、工作在常压、适宜于中小规模太阳能热利用系统。固体转轮除湿系统已普遍用于连续除湿的场合，两股不同的气流分别流经旋转的除湿转轮，处理侧空气流经转轮时，空气通过吸附作用而去湿，这并不改变干燥剂的物理性质；再生侧空气被加热后用来再生干燥剂。

有相关学者利用真空管太阳能集热器作为热源来加热再生侧空气，设计建造了太阳能转轮除湿复合空调系统，该系统将转轮除湿系统与常规制冷机结合构成复合系统，可以实现显热、潜热分别处理，不仅可使压缩机电耗降低，而且可使常规制冷子系统结构尺寸减小。在热湿气候地区用作商业建筑的空调系统具有很强的经济性和实用性。

液体除湿空调系统具有节能、清洁、易操作、处理空气量大、除湿溶液的再生温度低等优点，很适合太阳能和其他低湿热源作为其驱动热源，具有较好的发展前景。太阳能液体除湿空调系统利用湿空气与除湿剂中的水蒸气分压差来进行除湿和再生。它能直接吸收空气中的水蒸气，可避免压缩式空调系统为了降低空气湿度，而首先必须将空气降温到露点以下，从而造成系统效率的降低；其次，该系统用水作为工作流体，消除了对环境的破坏，而且以太阳能为主要能源，耗电很少。该系统同样可以单独控制处理空气的温度和湿度，实现热、湿分别处理。在较大通风量和高湿地区，该系统仍有较高的效率。太阳能液体除湿系统通常采用除湿塔作为除湿部件，利用太阳能集热器进行溶液浓缩，其系统表示带有直接蒸发冷却器的太阳能液体除湿空调系统。

四、建筑一体化光伏系统

1. 建筑一体化光伏系统概念

太阳能光伏发电可直接将太阳光转化成电能，光伏发电虽然应用范围遍及各行各业，但影响最大的是建材与建筑领域。20 世纪 90 年代，随着常规发电成本的上升和人们对环境保护的日益重视，一些国家开始将价格迅速下降的太阳能电池用于建筑。太阳能电池已经可以弯曲、盘卷，易于裁剪、安装、防风雨、清洁安全，可以取代建筑用涂料、瓷块、价格不菲的幕墙玻璃，可以作为节能墙体的外护材料。

建筑一体化光伏（BIPV）系统是应用光伏发电的一种新概念，是太阳能光伏系统与现代建筑的完美结合。建筑设计中，在建筑结构外表面铺设光伏组件提供电能，将太阳能发电系统与屋顶、天窗、幕墙等建筑融为一体，建造绿色环保建筑正在全球形成新的高潮。光伏与建筑相结合的优点表现在：

（1）可以利用闲置的屋顶或阳台，不必单独占用土地；

（2）不必配备蓄电池等储能装置，节省了系统投资，避免了维护和更换蓄电池的麻烦；

（3）由于不受蓄电池容量的限制，可以最大限度地发挥太阳能电池的发电能力；

（4）分散就地供电，不需要长距离输送电力输配电设备，也避免了线路损失；

（5）使用方便，维护简单，降低了成本；

（6）夏天用电高峰时，太阳辐射强度较大，光伏系统发电量较多，对电网起到调峰作用。

2. 光伏与建筑相结合的形式

（1）光伏系统与建筑相结合：将一般的光伏方阵安装在建筑物的屋顶或阳台上，通常其逆变控制器输出端与公共电网并联，共同向建筑物供电，这是光伏系统与建筑相结合的初级形式。

（2）光伏组件与建筑相结合：光伏组件与建筑材料融为一体，采用特殊的材料和工艺手段，将光伏组件做成屋顶、外墙、窗户等形式，可以直接作为建筑材料使用，既能发电又可作为建材，进一步降低发电成本。

与一般的平板式光伏组件不同，BIPV 组件兼有发电和建材的功能，不仅要满足建材性能的要求（如隔热、绝缘、抗风、防雨、透光、美观），还要具有足够的强度和刚度，不易破损，便于施工安装及运输等。为了满足建筑工程的要求，已经研制出多种颜色的太阳能电池组件，可供建筑师选择，使得建筑物色彩与周围环境更加和谐。根据建筑工程的需要，已经生产出多种满足屋顶瓦、外墙、窗户等性能要求的太阳能电池组件。其外形不仅有标准的矩形，还有三角形、菱形、梯形，甚至是不规则形状。也可以根据要求，制作成组件周围是无边框的，或者是透光的，接线盒可以不安装在背面而在侧面。

3.BIPV 对建筑围护结构热性能的影响

BIPV 对建筑围护结构的传热特性具有明显的影响，从而对建筑冷热负荷产生影响。光伏与通风屋面结合，不仅可以提高光伏转换效率，而且可以降低通过屋面传入室内的冷热负荷。

4. 建筑一体化光伏系统设计实例

建筑一体化光伏系统设计原则如下

（1）美观性。安装方式和安装角度与建筑整体密切配合，保证建筑整体的风格和美观。

（2）高效性。为了增加光伏阵列的输出能量，应让光伏组件接受太阳辐射的时间尽可能长，避免周围建筑对光伏组件的遮挡，并且要避免光伏组件之间互相遮光。

（3）经济性。首先要将光伏组件与建筑围护结构相结合，取代部分常规建材；其次，从光伏组件到接线箱、从接线箱到逆变器以及从逆变器到并网交流配电柜的电力电缆应尽可能短。光伏建筑一体化在国外应用较多。近年来，随着能源紧张，节能意识的增强，我国正在逐渐应用该技术将光伏发电与建筑一体化，建设绿色环保型建筑。深圳国际园林花卉博览会安装的 1MW 太阳能光伏并网发电系统，采用 4000 多个单晶硅及多晶硅光伏组件（160W 和 170 W 组件），将太阳光能转化为电能，并与深圳市电网并网运行。

北京天普太阳能工业有限公司天普新能源示范楼并网光伏示范电站，经过现场考察测量和协商沟通，采用在建筑物的多个部位，结合建筑需要，多角度多方法地安装了峰值功率为 50.4 kW 的 6 种类型的光伏组件，展示各种不同的建筑一体化光伏发电技术。

国家体育馆建设的峰值功率为 100 kW 光伏电站，是国家级科技示范项目，在设计上注重了太阳能发电系统与建筑的结合，1300m^2 的太阳能电池板分别安装在屋顶和南立面的玻璃幕墙上，不仅是建筑物遮阳挡雨的围护结构，而且还能发电，并与建筑外观融为一体。该系统日均发电量 212kW·h，避开了白天电网的用电高峰，为近 20000 m^2 的地下车库提供照明电力。国家体育馆与建筑结合的峰值功率为 100kW 并网光伏系统，是我国第一个与体育建筑主体相结合的太阳能发电系统。按照安装方式，系统分为两部分：一部分采用常规的晶体硅太阳能电池，安装在金属屋顶上，峰值功率约为 90kW；另一部分采用双玻太阳能电池，作为玻璃幕墙的一部分，安装在国家体育馆南立面，峰值功率约为 10kW。国家体育馆峰值功率为 100 kW 并网光伏系统无蓄电池储能，与低压电网并网运行。

第十一节 供热计量技术

1. 主要技术内容

供热计量技术是对集中供热系统的热源供热量、热用户的用热量进行计量。包括热源和热力站热计量、楼栋热计量和分户热计量。

热源和热力站热计量应采用热量计量装置进行计量，热源或热力站的燃料消耗量、补水量、耗电量应分项计量，循环水泵电量宜单独计量。

2. 技术指标

供热计量方法按相关规定进行。

3. 适用范围

适用于我国所有采暖地区。

4. 已应用的典型工程

天津市和河南省等省市均进行了计量收费工作。

第十二节 建筑外遮阳技术

1. 主要技术内容

建筑遮阳是将遮阳产品安装在建筑外窗、透明幕墙和采光顶的外侧、内侧和中间等位置，以遮蔽太阳辐射；夏季，阻止太阳辐射热从玻璃窗进入室内；冬季，阻止室内热量从玻璃窗逸出，因此，设置适合的遮阳设施，节约建筑运行能耗，可以节约空调用电25%左右；设置良好遮阳的建筑，可以使外窗保温性能提高约一倍，节约建筑采暖用能10%左右。

根据遮阳产品的安装的位置分为外遮阳、内遮阳、中间遮阳、中置遮阳。

2. 技术指标

影响建筑遮阳性能的指标有抗风荷载性能、耐雪荷载性能、耐积水荷载性能、操作力性能、机械耐久性能、热舒适和视觉舒适性能等。

3. 适用范围

建筑遮阳行式的确定，应综合考虑地区气候特征、经济技术条件、房间使用功能等因素，以满足建筑夏季遮阳、冬季阳关入射、冬季夜间保温，以及自然通风、采光、视野等要求，适合于我国严寒、寒冷、夏热冬冷、夏热冬热地区的建筑工业与民用建筑。

4. 已应用的典型工程

上海沪上生态家、北京神华集团办公楼等。

第十三节 植生混凝土

1. 主要技术内容

植生混凝土是以多孔混凝土为基本构架，内部是一定比例的连通孔隙，为混凝土表面的绿色植物提供根部生长、吸取养分的空间，是一种植物能直接在其中生长的生态友好型混凝土。基本构造由多孔混凝土、保水填充材料、表面土等组成。主要技术内容可分为多空混凝土的制备技术、内部碱环境的改造技术及植物生长基质的配制技术、植生喷灌系统、植生混凝土的施工技术等。

2. 技术指标

（1）护堤植生混凝土

主要材料组成:碎石或碎卵石、普通硅酸盐水泥、矿物掺合料（硅粉、粉煤灰、矿粉）、水、高效减水剂。

护堤植生混凝土主要是利用模具制成的包含有大孔的混凝土模块拼接而成，模块含有的大孔供植物生长；或是采用大骨料制成的大孔混凝土，形成的大孔供植物生长；强度范围在 10MPa 以上；混凝土密度 1800~2100kg/m³；混凝土空隙率不小于 15%，必要时可达 30%。

（2）屋面植生混凝土材料组成：轻质骨料、普通硅酸盐水泥、硅粉或粉煤灰、水、植物种植基。主要是利用多孔的轻骨料混凝土作为保水和根系生长基材，表面敷以植物生长腐殖质材料；混凝土强度 5~15MPa 之间；屋顶植生混凝土密度 700~1100kg/m³；屋顶植生混凝土空隙率 18%~25%。

（3）墙面植生混凝土材料组成：天然矿物废渣（单一粒径 5~8mm）普通硅酸盐水泥、矿物掺合料、水、高效减水剂。主要是利用混凝土内部形成庞大的毛细管网络，作为为植物提供水分和养分的基材；混凝土强度 5~15MPa 之间；墙面植生混凝土密度 1000~1400kg/m³；混凝土空隙率 15%~22%。

3. 适用范围

适用于屋顶绿化，市政工程坡面机构以及河流两岸护坡等表面的绿化与保护。

4. 已应用的典型工程

镇江水环境处理"生态堤—滨江带—湿地系统的修复和污染控制"的生态堤。

第十四节 透水混凝土

1. 主要技术内容

透水混凝土是既有透水性又有一定强度的多孔混凝土，其内部为多孔堆聚结构。透水的原理是利用总体积小于骨料总空隙体系的胶凝材料部分地填充粗骨料颗粒之间的空场，及剩余部分空隙，并使其形成贯通的孔隙网，因而具有透水效果。

（1）透水混凝土的制备

透水混凝土在满足强度要求的同时，还需要保持一定的贯通孔隙来满足透水性的要求，因此在配制时除了选择合适的原材料外，还要通过配合比设计和制备工艺以及添加剂来达到保证强度和孔隙率的目的。

透水混凝土由骨料、水泥、水等组成，多采用单粒级或间断粒级的粗骨料作为骨架，细骨料的用量一般控制在总骨料的 20% 以内；水泥可选用硅酸盐水泥、普通硅酸盐水泥和矿渣硅酸盐水泥；掺合料可选用硅灰、粉煤灰、矿渣微细粉等。

投料时先放入水泥、掺合料、粗骨料，再加入一半的水用量，搅拌 30s；然后加入添加剂（外加剂、颜料等），搅拌 60s；最后加入剩余水量，搅拌 120s 出料。

（2）透水混凝土的施工

透水混凝土的施工主要包括摊铺、成型、表面处理、接缝处理等工序。可采用机械或人工方法进行摊铺；成型可采用平板振动器、振动整平辊、手动推拉辊、振动整平梁等进行施工；表面处理主要是为了保证提高表面观感，对已成型的透水混凝土表面进行修整或清洗；透水混凝土路面接缝的设置与普通混凝土基本相同，缩缝等距布设，间距不宜超过6m。

（3）透水混凝土养护、维护

透水混凝土施工后采用覆盖养护，洒水保湿养护至少7d，养护期间要防止混凝土表面孔隙被泥沙污染。混凝土的日常维护包括日常的清扫、封堵孔隙的清理。清理封堵孔隙可采用风机吹扫、高压冲洗或真空清扫等方法。

2. 技术指标

透水混凝土的技术指标分为拌合物指标和硬化混凝土指标。

（1）拌合物：坍落度（5~50mm）；凝结时间（初凝不少于2h）；浆体包裹程度（包裹均匀，手攥成团，有金属光泽）。

（2）硬化混凝土：强度（C15~C30）；透水性（不小于1m/s）；孔隙率（10%~20%）。

（3）抗冻融循环：一般不低于D100。

3. 适用范围

透水混凝土一般多用于市政道路、住宅小区、城市休闲广场、园林景观道路、商业广场、停车场等路面工程。

4. 已应用的典型工程

奥运公园透水混凝土路面工程、上海世博园透水混凝土地面工程、郑州国际会展中心透水混凝土路面工程。

通道及轻量级道路、高尔夫球场电车道。

第四章 绿色建筑的评价标准

近年来由于大家对生态环境的重视，绿色建筑也在不断发展。但绿色建筑的标准也存在很大差异，所以本书通过我国与日本和英国的绿色建筑标准及制度的对比研究，分析给出现在国内通用的标准的缺失，从而促进国内绿色建筑的持续发展和完善其标准。本章主要讲述了我国对于绿色建筑的评价标准。

第一节 绿色建筑评价的基本要求和评价方法

1. 总则

为贯彻国家技术经济政策，节约资源，保护环境，规范绿色建筑的评价，推进可持续发展，制定本标准。

（1）本标准适用于绿色民用建筑的评价。

（2）绿色建筑评价应遵循因地制宜的原则，结合建筑所在地域的气候、环境、资源、经济及文化等特点，对建筑全寿命周期内节能、节地、节水、节材、保护环境等性能进行综合评价。

（3）绿色建筑的评价除应符合本标准的规定外，尚应符合国家现行有关标准的规定。

2. 基本规定

绿色建筑的评价应以单栋建筑或建筑群为评价对象。评价单栋建筑时，凡涉及系统性、整体性指标，应基于该栋建筑所属工程项目的总体进行评价。

（1）绿色建筑的评价分为设计评价和运行评价。设计评价应在建筑工程施工图设计文件审查通过后进行，运行评价应在建筑通过竣工验收并投入使用一年后进行。

（2）申请评价方应进行建筑全寿命周期技术和经济分析，合理确定建筑规模，选用适当的建筑技术、设备和材料，对规划、设计、施工、运行阶段进行全过程控制，并提交相应分析测试报告和相关文件。

（3）评价机构应按本标准的有关要求，对申请评价方提交的报告、文件进行审查，出具评价报告，确定等级。对申请运行评价的建筑，尚应进行现场考察。

3. 评价与等级划分

绿色建筑评价指标体系由节地与室外环境、节能与能源利用、节水与水资源利用、节材与材料资源利用、室内环境质量、施工管理、运营管理 7 类指标组成。每类指标均包括控制项和评分项。评价指标体系还统一设置加分项。

设计评价时，不对施工管理和运营管理 2 类指标进行评价，但可预评相关条文。运行评价应包括 7 类指标。

控制项的评定结果为满足或不满足；评分项和加分项的评定结果为分值。

绿色建筑评价应按总得分确定等级。

评价指标体系 7 类指标的总分均为 100 分。7 类指标各自的评分项得分 Q1、Q2、Q3、Q4、Q5、Q6、Q7 按参评建筑该类指标的评分项实际得分值除以适用于该建筑的评分项总分值再乘以 100 分计算。

EQ=W1Ql+W2Q2+W3Q3+W4Q4+W5Q5+W606+W7Q7

W1 节能与能源利用、W2 节水与水资源利用、W3 节材与材料资源利用、W4 室内环境质量、W5 施工管理、W6 运营管理、W7 设计评价：

——居住建筑 0.21、0.24、0.20、0.17、0.18

——公共建筑 0.16、0.28、0.18、0.19、0.19

——运行评价居住建筑 0.17、0.19、0.16、0.14、0.14、0.10、0.10

——公共建筑 0.13、0.23、0.14、0.15、0.15、0.10、0.10

注：1. 上述"——"表示施工管理和运营管理两类指标不参与设计评价。

2. 对于同时具有居住和公共功能的单体建筑，各类评价指标权重取为居住建筑和公共建筑所对应权重的平均值。

绿色建筑分为一星级、二星级、三星级 3 个等级。3 个等级的绿色建筑均应满足本标准所有控制项的要求，且每类指标的评分项得分不应小于 40 分。当绿色建筑总得分分别达到 50 分、60 分、80 分时，绿色建筑等级分别为一星级、二星级、三星级。

第二节 节地与室外环境

"节地"是绿色建筑"四节一环保"的重要组成部分。《绿色建筑评价准》是对建筑节地与室外环境进行评价的重要技术内容，体现着绿色建筑以人为本、倡导低碳生活的发展理念；是建设项目前期科学规划、合理布局、精心设计必须落实的核心技术要点，主要涉及资源与环境保护、卫生与安全等关键性要求以及土地利用、室外环境、交通设施与公共服务、场地设计与场地生态等评价内容。

1. 新版标准控制项的确定。本次修订工作对原标准的控制项进行了认真梳理，并依据《城乡规划法》的有关规定，将涉及自然资源和历史文化遗产保护、卫生与安全以及环境保护的内容列入控制项，包括项目选址、场地安全、污染物排放和建筑日照 4 个重要条文，以"达标"或"不达标"进行评判。

（1）项目选址。新版标准里面有项目选址的基本要求，是内涵较为丰富的控制性条文。该控制条文的设置，强化了绿色建筑应符合国家有关法定规划的规定，强调了绿色建筑的建设应满足自然资源和历史文化遗产保护的要求。"项目选址应符合所在地城乡规划"：依据《城乡规划法》的规定，绿色建筑建设项目应选择在城市总体规划、镇总体规划确定的城市建设用地内，并符合所在地控制性详细规划的有关规定。"且应符合各类保护区、文物古迹保护的建设控制要求"条文的"各类保护区"是指受到国家法律法规保护、划定有明确的保护范围、制定有相应的保护措施的各类政策区，主要包括基本农田保护区、风景名胜区、自然保护区、历史文化名城名镇名村、历史文化街区等，分别对应国家《基本农田保护条例》《风景名胜区条例》《自然保护区条例》《历史文化名城名镇名村保护条例》《城市紫线管理办法》。"文物古迹"是指人类在历史上创造的具有价值的不可移动的实物遗存，包括地面与地下的古遗址、古建筑、古墓葬、石窟寺、古碑石刻、近代代表性建筑、革命纪念建筑等；主要指各级文物保护单位、保护建筑和历史建筑，对应国家《文物保护法》《城市紫线管理办法》等。

（2）场地安全新版标准里面有对绿色建筑场地安全的基本要求。该控制条文的设置，阐明了绿色建筑建设应确保建设项目场地的安全。建设项目场地与各类危险源的距离应满足相应危险源的安全防护距离等控制要求；若存在不利地段或潜在危险源，则应采取必要的避让、防护或控制、治理等措施；若存在有毒有害物质（如原三类工业用地转为民用，土壤已受到不同程度污染的），则应采取必要的治理与防护措施进行无害化处理，确保符合国家有关标准的规定。

（3）污染物排放新版标准里面有对绿色建筑自身污染排放控制的基本要求。该控制条文的设置，阐明了绿色建筑不能成为污染源对周边环境产生污染。绿色建筑项目不应存在超标排放的气态、液态或固态的污染源，包括易产生噪声的营业场所、油烟未达标排放的厨房、煤气或工业废气超标排放的燃煤锅炉房、污染物排放超标的垃圾堆（场）等。若有污染源存在，应积极采取相应的治理措施并达到无超标污染物排放的要求。

（4）建筑日照新版标准里面有对绿色建筑日照的控制要求。该控制条文的设置，意在提醒规划师、建筑师，关注绿色建筑项目初期的建筑布局与建筑设计，充分结合自然环境和气候特点，最大限度地为建筑及其主要用房提供良好的日照条件，这将有利于降低建筑的运营能耗，从根本上达到绿色建筑节能、环保的目的。日照与建筑室内的空气质量密切相关，我国现行的国家标准或行业标准对住宅、宿舍、幼儿园、医院、疗养院、中小学校等建筑制定了相应的日照、消防、视觉卫生等控制标准，直接影响着建筑总体布局、建筑间距和平面设计。绿色建筑的日照标准在执行中应遵循以下原则：有国家标准也有地方标准的，执行要求高者；没有国家标准但有地方标准的，执行地方标准；没有标准限定的，符合项目所在地城乡规划的要求即为达标。"不降低周边建筑的日照标准"是指：对于新建项目的建设，应满足周边建筑有关日照标准的要求。对于改造项目分两种情况，周边建筑改造前满足日照标准的，应保证其改造后仍符合相关日照标准的要求；周边建筑改造前未满足日照标准的，改造后不可再降低其原有的日照水平。此外，绿色建筑在进行日照模拟计算时，其计算范围应包含周边可能将受到影响或可能影响到本项目日照的建筑，尤其是高层建筑。

2.新版标准评分项的确定本次修订工作对原标准逐条进行了梳理，并以节地的重要环节、相关现行国家标准规定的强制性条文作为绿色建筑评价的高分项，通过修改、归并和增补等修订工作，设置了土地利用、室外环境、交通设施与公共服务、场地设计与场地生态四部分内容，共涉及15个评价条文。

（1）土地利用：土地利用涉及节约集约用地、绿化用地设置、地下空间利用三个重要的评价条文，分别对居住建筑和公共建筑进行评价，满分34分；是评价绿色建筑项目节约集约利用土地的关键性内容和指标。在条文评价内容及其得分权重的设置上，旨在鼓励建设项目适度提高容积率、建设普通住宅并充分利用地下空间，从而实现提高土地使用效率、节约集约利用土地的目的；同时引导建设项目优化建筑布局与设计，设置更多的绿化用地，提高土地使用的生态功能，从而改善和美化环境、调节小气候、缓解城市热岛效应。

1）对于居住建筑：依据现行国家标准的有关规定，以人均居住用地指标对建设项目进行节地评价，鼓励建设普通住宅，单套建筑面积过大的住宅建设项目无疑会因此丢分。同时新版标准明确了绿色建筑不包括别墅类项目，虽然别墅属于居住建筑，但因人均占有的土地资源过大不符合我国节约集约用地的基本国策。此外，指标及其得分权重的设置都体现了以人为本的建设理念，鼓励住区建设更多的公共绿地，为居民提供方便、优质的户外交往空间和活动空间，达到提升住区环境、提高生活质量的目的。

2）对于公共建筑：就节地而言，绿色建筑鼓励采用较高的容积率，适度提高土地使用效率，因此容积率较高的建设项目容易获得较好的评价。对于因建筑的使用功能等约束，容积率不可能提高的建设项目，但可以通过优化建筑总体布局、精心进行场地设计等技术手段，在创造更高的绿地率以及提供更多的开敞空间或公共空间等方面为环境和社会做出贡献，从而在本章其他条款获得更好的评价。"绿地向社会公众开放"旨在鼓励公共建筑项目优化布局，创造更多更加宜人的绿地等公共空间：鼓励绿地或绿化广场设置休憩、娱乐等设施并定时向社会公众免费开放，以提供更多的公共活动场所。地下空间的开发与利用是城市节约集约用地的重要措施之一，但地下空间应利用有度、科学合理，从雨水渗透及地下水补给，减少径流外排等生态环保要求出发，本次修订明确提出了地下一层建筑面积占总用地面积的比率应控制在70%以内的建设要求。

（2）室外环境涉及光污染控制、环境噪声控制、风环境要求、降低热岛强度的措施四个重要的评价条文，满分18分，是评价绿色建筑室外环境的关键性内容和指标。

1）光污染控制：条文的评价内容有意引导建设项目慎用玻璃幕墙，建筑物表面应选择可见光反射比较低的材料：同时合理选配照明器具并采取防止溢光等措施，减少光污染的产生、降低建筑能耗。建筑物光污染包括建筑反射光、夜间的室外夜景照明以及广告照明等造成的光污染，其产生的眩光会让人感到不舒服，还会使人降低对灯光信号等重要信息的辨识力，甚至带来交通安全隐患。

2）环境噪声控制：条文的评价内容是对绿色建筑设计阶段提出的环境噪声控制要求，包括检测场地周边的噪声现状、预测自身规划实施后的环境噪声、优化方案设计并在必要时采取有效措施改善环境噪声的影响。可以根据噪声来源及其分布提出合理的防噪、降噪方案，如将噪声敏感性高的居住建筑布局在远离交通干道的位置；通过对建筑朝向及开口的设置减弱环境噪声的影响；采取设置道路声屏障、采用低噪声路面、种植绿化、限制重载车通行等隔离、降噪措施；对固定设备噪声源采取隔声和消声措施以降低噪声的影响等。

3）风环境要求：条文的评价内容和指标是以人在室外行走和活动的舒适性、建筑和场地的自然通风及污染物消散、冬季冷风向室内的渗透等进行衡量的，是鼓励规划布局、建筑设计过程利用计算流体动力学手段，对不同季节典型风向、风速对建筑室外风环境进行模拟，从而优化方案创造良好的建筑室外风环境，或采取相应措施有效改善建筑的室外风环境。

4）降低热岛强度的措施：条文的评价内容明确提出了有效降低热岛强度的实施措施，引导绿色建筑建设项目应重视遮阴措施的设置以及路面、屋面设计材料的选择，减少项目本身对城市热环境的影响。

（3）交通设施与公共服务交通设施与公共服务涉及公共交通联系、无障碍设计、停车场所设置、公共服务配置四个重要的评价条文，满分24分是评价绿色建筑使用者生活、工作方便程度的关键性内容和指标，是绿色建筑项目规划布局和建筑设计重要的考评内容。条文对建设项目提供基本公共服务的方便程度以及提供公共交通服务的便捷程度进行评价，旨在推行绿色出行的低碳生活理念，减少机动车出行对资源的消耗以及对环境的污染；条文对停车设施进行评价，明确了自行车停车的人性化设计要求，提出了提高机动车停车空间使用效率等措施；条文对公共空间的共享、公用进行评价，意在鼓励建设项目增加公共活动场所，有利于提供更多的社会活动空间增进社会交往，也可提高各类设施和活动场地等公共产品的使用效率，陶冶情操、增强体质，是绿色建筑倡导和鼓励的建设理念，也是提高土地使用效率及政府投资效能的重要措施。根据我国有关交通调查研究：人的步行速度平均为3~5km/h，因此标准提出的500m需要步行5~10min，是居民步行出行的可承受距离；800m需要8~16min，是居民到达轨道交通可承受的步行距离。据此条文提出了评价方便程度的指标点，为居民选择步行、自行车等绿色交通出行方式创造条件，从而减少机动车出行的需求，鼓励优先发展公共交通缓解城市交通拥堵现象。

（4）场地设计与场地生态场地设计与场地生态涉及场地利用与生态保护、绿色雨水设施设计、雨水径流控制、绿化绿植要求四个重要的评价条文，是遵循低影响开发的原则，评价绿色建筑室外场地保护与利用的关键性内容和指标。建设项目应对场地进行勘查，充分利用可利用的自然资源包括原有地形地貌、水体、植被等，尽量减少土石方工程量，减少开发建设对原场地及周边环境生态系统的改变，工程结束后应及时采取生态修复措施，减少对原场地环境的破坏。表层土含有丰富的有机质、矿物质和微量元素，适合植物和微生物的生长，场地表层土的保护和回收利用是保护土壤资源、维持生物多样性的重要方法之一。项目施工应合理安排、分类收集、保存并利用原场地的表层土。利用场地空间编制场地雨水综合利用方案或雨水专项规划设计，旨在通过建筑、景观、道路和市政等不同专业的整合与协调设计，合理利用场地中的河流、湖泊、水塘、湿地、低洼地等设置绿色雨水基础设施（如雨水花园、下凹式绿地、屋顶绿化、植被浅沟、雨水截流设施、渗透设施、雨水塘、雨水湿地、景观水体、多功能调蓄设施等），或利用场地的景观设计、采取相应截污措施以及硬质铺装等透水设计，以更加接近自然的方式控制城市雨水径流及径流污染，从经济性和维持区域性水环境的良性循环角度出发，控制径流总量、保护水环境，减少城市洪涝灾害，达到有限土地资源多功能开发、利用的目标。合理搭配乔木、灌木和草坪，以乔木为主，能够提高绿地的空间利用率、增加绿量，使有限的绿地发挥更大的生态效益和景观效益。种植区域的覆土深度应满足乔、灌木自然生长的需要，满足申报项目所在地有关覆土深度的控制要求。植物配置应充分体现本地区植物资源的特点，突出地方特色，选择适应当地气候和土壤条件的植物，耐候性强、病虫害少，可有效降低后期的维护费用。鼓励各类公共建筑采用屋顶绿化和墙面垂直绿化等多元的绿化方式，既能增加绿化面积，有效截留雨水，又可以改善屋顶和墙壁的保温隔热效果，改善小气候，美化环境。总之，节地与室外环境章节涉及的评价内容，旨在推行尊重自然。保护历史文化遗产、保障人民财产和人身安全与健康、保护环境等发展理念；坚持以人为本，倡导低碳生活，鼓励建设项目更多地关注规划布局、建筑设计、场地利用、交通组织、公共服务配置、景观绿地设计与生态修复等先期设计工作，力争通过整合综合、高效利用土地资源、优化设计，为建筑的节能、节水、节材、环保创造更好的"先天条件"，促进建筑运行达到低碳、环保的目标。

第三节 节能与能源利用

在我国，建筑节能工作始于20世纪80年代。早在1986年就发布了《节约能源管理暂行条例》，明确要求建筑物设计采取措施减少能耗。随后，原城乡建设生态环境部也配合出台了《城市建设节约能源管理管理实施细则》；原国家建筑材料工业局、原住房和城乡建设部、农业农村部、原国家土地管理局还联合成立了全国墙体材料革新与建筑节能领导小组和办公室。目前，在我国《节约能源法》也专设了"建筑节能"一节，规定了建筑节能监管部门、建筑节能标准执行、房屋销售明示节能信息、公共建筑室内温度控制、供热计量和用热收费、加强城市节约用电管理、鼓励节能建材和设备使用等。《节约能源法》《民用建筑节能条例》与《公共机构节能条例》《民用建筑节能管理规定》共同形成了建筑节能工作领域比较完备的法律法规规章体系。自"九五"开始，原建筑部现住房和城乡建设部开始制定实施专门的建筑节能计划或规划，以五年为周期具体实施建筑节能工作，与我国的国民经济和社会发展规划保持一致。

修订工作既有继承，也有发展。而且，多数条文以文字修改和指标值调整为主，可见本部分条文的继承性和延续性良好。另外，不仅配合标准适用建筑类型、评价阶段、评分方法等方面的调整做了相应修改，还从本章条文的系统全面、适用范围、操作实施等方面进行了补充完善，主要的思路是：控制项条文在继承标准在原版条文基础上有所整合，除配合标准本身适用建筑类型的扩展而有修改之外，不再新增内容。主要是将国家有关节能设计标准、照明设计标准中的强制性要求分别集中为1条控制项条文（电加热设备另为1条，因为是禁止类的规定），前者基本覆盖热工和暖通，后者针对照明；此外，依据《民用建筑节能条例》第十八条规定，并考虑建筑运行阶段的用能分析诊断，仍将能耗独立分项计量作为控制项（热计量已在此前控制项条文中）。在标准评分项中设置分组单元，对各大类评价指标按照专业等进行细分，是本次标准修订的特色。对于节能与能源利用而言，建筑与围护结构、供暖通风与空调、照明与电气等前3个次分组单元，可实现与建筑节能率计算分析时的围护结构、供暖空调系统、照明设备等三方面一一对应；第4个次分组单元则考虑为能量回收、综合利用、可再生能源等内容，使得本章内容更加系统全面。建筑与围护结构部分，首先是从建筑师角度提出规划设计方面的节能优化；其次在国家有关节能设计标准要求（非强制）基础上对自然通风予以进一步肯定；最后将分值重点落于围护结构热工性能上，提供了规定性指标和性能化方法两种可选的达标途径，引导其热工性能进一步提高。暖通空调部分，一方面在设计工况上，分别要求了冷热源机组和输配系统的效率（作为系统能耗大户的冷热源机组，还另有加分项）；另一方面在全年运行工况上，分别要求了有利于系统在过渡季节、部分空间等条件下节能运行的技术措施；最后，将分值重点落于系统全年能耗上，同样也按照节能率目标以及暖通空调贡献率，分档提出了优于常规系统15%的性能化要求。照明部分，也是从设计工况的照明功率密度（目标值）和运行工况的节能控制两方面提出要求；电气部分，则对电梯扶梯、配电变压器、水泵风机等照明系统以外的其他的、标准可控的主要耗电设备提出了节能控制、能效等要求。能量综合利用部分，基本沿用标准之前版条文，主要是对可再生能源利用一条重点分配分值，并在用途分类的基础上，也有更细致的分档要求；另将达标难度较大但却最能体现梯级用能理念的分布式三联供系统，作为加分项予以引导鼓励；再加上原有的热回收和蓄能内容，意在表达标准对于节能的开源与节流并重的态度。

第四节 节水与水资源利用

绿色建筑在建筑的全寿命周期内重点关注"资源节约"和"环境保护"，节约水资源、保护水环境是绿色建筑的关键目标之一。根据当前国内绿色建筑行业发展的需求和近年来绿色建筑工程的经验，我国颁布了新版《绿色建筑评价标准》（以下简称标准），在"节水与水资源利用"章节从"节流"和"开源"两方面对绿色建筑节水提出了更加全面的要求。

1. 评价方法及条文设置框架。标准条文分为控制项与评分项两类，评价采用得分制。除控制项外，其他条文均为评分项被赋予不同分值。"节水与水资源利用"章节评分项条文又分为节水系统、节水器具与设备、非传统水源利用三类。

所有评分项条文都根据评价内容设有递进式或叠加式的得分规定，条文的评价内容被分解为多项节水措施或节水指标，各项措施和指标均被赋予不同分值。由于标准按总得分判定绿色建筑星级，参评项目在"优势"领域相关条文尽量多得分，可以弥补在"劣势"领域相关条文少得分或不得分所造成的分值损失。

递进式或叠加式的得分设定使条文的权衡性和弹性空间更大，适应性更强，参评项目可以根据具体情况选择适宜的目标和技术策略，选择各条文的得分档位。

标准通过条文间的分值差异体现不同节水技术在实施难度、实施效果等方面的差异性；通过单一条文内部的分值细化设定，体现节水措施选择、节水指标或效果实现的差异性。

采用上述条文设置框架后，绿色建筑设计和策划时，在节水与水资源利用方面，可以根据建筑类型、地域、综合效益、申报目标等因素采用不同的策略，可供选择的节水技术路线更加丰富，方案更加灵活，可以更好地平衡技术实施、经济效益、环境影响等多方面因素。

2. 控制项。控制项是绿色建筑的前提要求和必备条件，项目必须先满足所有控制项要求，然后才能按照评分项的要求进行评价。标准控制项的评价结果只有达标和不达标两种情况，且实行"一票否决"，即只要有一条控制项条文不达标，项目就无法进行后续评价。

（1）制定水资源利用方案。水资源利用方案是所有绿色建筑节水设计的基础与依据，目的是合理规划建筑可利用的水资源，提高水资源利用效率。"节水与水资源利用"章节将水资源利用方案的制定列为控制项的首条要求，所有参与绿色建筑评价的项目都必须提供合理的水资源利用方案。

（2）给排水系统设置合理绿色建筑首先是合格的建筑，合理的给排水系统设计是绿色建筑节水设计的前提。

（3）采用节水器具用水器具采用节水器具是绿色建筑节水设计的主要措施之一，是"节流"的最佳体现。随着我国器具节水理念的普及、节水卫生器具技术和相关产业的发展、相关国家标准及行业标准的实施，器具节水已然成为绿色建筑节水的必选技术。

3. 节水系统。"节水系统"主要涉及建筑给水系统节水设计、节水运行相关要求的条文组成。

（1）平均日用水量评价平均日用水量评价条文仅适用于项目的运行阶段评价，设计阶段不参评。建筑投入运行一年以后，根据年总生活用水量、年用水天数、实际使用人数可以计算得到实际运行人均平均日用水量，该用水量可以体现建筑采用的各项节水技术的综合实施效果，将这一指标与《民用建筑节水设计标准》中规定的平均日生活用水节水用水定额范围值进行比较，根据比较结果分档得分，指标越低，项目综合节水效果越好，得分越高。该条文能够更加直观地体现绿色建筑的实际节水效果。

（2）控制管网漏损。该条文从管材、附件的选用到管道的埋设、安装，再到按水平衡测试要求设置水表、运行期间检漏记录等，围绕着管网防漏损这一核心目的列举了项目在设计、运行各阶段可以采取的一系列相关措施。条文内部对这些措施根据实施难度和实施后效果的不同分别赋予不同分值，采取的措施越多，防漏损效果越好，得分也越高。

（3）减压限流。本节将防超压出流单独设为一条，通过用水点供水压力这一量化指标体现减压限流措施的实施效果，对用水点供水压力提出分级要求，供水压力越接近器具最佳工况压力，得分越高。

（4）分项计量。分项计量不仅可以实现统计各种用途的用水量和分析渗漏水量的目的，也可以根据用水计量情况，实行用者付费或管理单元节水绩效考核，促进行为节水，并为项目运行后的节水效果分析、节水措施持续改进创造了条件。该条文既包含了按使用用途设置分项计量的要求，也包含了按付费单元或管理单元分项计量的要求。

（5）公用浴室节水。公用浴室因为用水情况复杂、行为节水开展困难等因素，往往成为建筑节水的盲点。标准设置公用浴室节水条文，通过对温控措施、用者付费措施赋予分值，鼓励和引导建筑关注公用浴室节水，进一步挖掘节水潜力。

4.节水器具与设备。"节水器具与设备"一节主要由节水器具与设备的选择、节水管理相关要求的条文组成。

（1）器具用水效率等级控制项中对节水器具要求较低，符合现行标准的最低要求即可达标，并未对节水性能的高低提出要求。随着器具节水技术的发展，越来越多节水性能更高的节水器具开始得到普及和应用，我国也陆续颁布了《水嘴用水效率限定值及用水效率等级》《坐便器用水效率限定值及用水效率等级》《小便器用水效率限定值及用水效率等级》《淋浴器用水效率限定值及用水效率等级》《便器冲洗阀用水效率限定值及用水效率等级》等一系列标准，器具节水性能的差异性已不可忽略。器具用水效率等级条文鼓励项目采用节水性能更高的节水器具，按上述国家颁布的用水效率等级标准分级评价。

（2）节水灌溉。绿化灌溉采用节水灌溉方式，是绿色建筑节水设计中的一项重要内容。条文不但对绿化灌溉采用节水设备提出要求，同时鼓励采用节水灌溉系统采取节水控制措施。对于种植无须永久灌溉植物的项目则直接给予满分。

（3）空调节水技术相关研究表明，公共建筑集中空调系统的冷却水补水量可以达到建筑室内总用水量的30%~50%，是名副其实的"用水大户"。本节就空调节水单独设置条文要求，旨在引导有空调系统设置需求的项目积极采用节水冷却技术，减少冷却水系统不必要的耗水。条文要求设有集中空调冷却水系统的项目采取措施减少除蒸发耗水外的不必要耗水量，并将运行时蒸发耗水量在冷却水补水量中的占比作为评价节水效果的量化指标。同时，也鼓励有空调系统设置需求的项目采用无蒸发耗水的冷却技术，对于采用该类技术的项目直接给予满分。而对于没有空调系统设置需求的项目，本着节水的原则，也直接给予满分。

（4）其他用水节水技术。随着社会发展和科技进步，建筑内各类用水需求逐渐增多，节水技术的应用不再仅限于传统的用水部门。本节设置条文鼓励除卫生器具、绿化灌溉和冷却塔外的其他用水部门积极应用节水技术及措施，按采用了节水技术和措施的用水量占其他用水总用水量的比例进行评分。

5. 非传统水源利用 "非传统水源利用"一节主要由涉及建筑非传统水源利用相关要求的条文组成。

（1）非传统水源利用。本节设置该条文旨在按非传统水源利用率或措施来衡量项目用水的"开源"情况。作为能够最直观体现绿色建筑非传统水源利用效果的评价条文，非传统水源利用条文的设置包含以下几个要点：

1）尽可能最大化条文适用的建筑类型范围，引导更多建筑类型的项目有效利用非传统水源。条文不仅对办公、商业、旅馆和住宅四种常见建筑类型进行非传统水源利用率要求，同时对其他建筑类型也有评价指标要求。为了避免因不同类型建筑用水构成不同导致的"先天不足"，条文对其他建筑类型要求只针对杂用水部门的非传统水源利用率，例如，冲厕用水的非传统水源利用率 = 冲厕非传统水源利用量 / 冲厕总用水量。

2）限定参评门槛，对于不适合参评的项目给出界定。并非所有的项目都适合利用非传统水源，条文在最大化非传统水源利用率条文适用范围的同时，也对不适宜利用非传统水源的情况给出了界定：养老院、幼儿园、医院这三种建筑类型由于使用者免疫能力较低，不宜进行非传统水源利用；项目周边无市政再生水利用条件时，如建筑可回用水量小于 $100m^3/d$，自建处理设施技术经济性不合理，综合效益低下，也不宜进行非传统水源利用。对于上述两种情况，本条文直接按可不参评处理。

3）对于有、无条件利用市政再生水的项目提出不同要求。项目周边具备市政再生水利用条件时，非传统水源的获取比不具备市政再生水利用条件的项目更容易、更稳定，达到相同非室内总用水量的 30%~50%，是名副其实的"用水大户"。本节就空调节水单独设置条文要求，旨在引导有空调系统设置需求的项目积极采用节水冷却技术，减少冷却水系统不必要的耗水。条文要求设有集中空调冷却水系统的项目采取措施减少除蒸发耗水外的不必要耗水量，并将运行时蒸发耗水量在冷却水补水量中的占比作为评价节水效果的量化指标。同时，也鼓励有空调系统设置需求的项目采用无蒸发耗水的冷却技术，对于采用该类技术的项目直接给予满分。而对于没有空调系统设置需求的项目，本着节水的原则，也直接给予满分。

4）其他用水节水技术。随着社会发展和科技进步，建筑内各类用水需求逐渐增多，节水技术的应用不再仅限于传统的用水部门。本节设置条文鼓励除卫生器具、绿化灌溉和冷却塔外的其他用水部门积极应用节水技术及措施，按采用了节水技术和措施的用水量占其他用水总用水量的比例进行评分。

5）对于有、无条件利用市政再生水的项目提出不同要求。项目周边具备市政再生水利用条件时，非传统水源的获取比不具备市政再生水利用条件的项目更容易、更稳定，达到相同非传统水源利用率的难度也更低。为了公平评价每一个参评项目在非传统水源利用上付出的努力，条文在非传统水源利用率评价时，对于没有市政再生水利用条件的项目采取较低要求，降低达标难度，鼓励其积极利用非传统水源；对于具备市政再生水利用条件的项目则采取较高要求，鼓励其尽可能充分利用非传统水源。

6）对非传统水源利用率采用量化指标与措施双轨制要求。前文已提到，标准通过丰富的评价方法降低了建筑类型对项目非传统水源利用率评价的影响，但即便是同一建筑类型的项目，其用水构成等先天条件也是不同的，例如南方地区住宅项目淋浴用水比北方住宅项目比例更高、快捷酒店项目比星级酒店项目冲厕用水比例更高等。有些项目的用水构成中，可由非传统水源替代的那部分水量比例不高，甚至全部杂用水均采用非传统水源后，依然无法达到较高的非传统水源利用率水平。为消除上述客观因素的影响，条文在量化指标评价之外给出了另一条达标途径，当项目在某些杂用水的用水部门充分利用了非传统水源时，也可以获得相应的分值。

7）另外设置条文对冷却补水和景观水体补水利用非传统水源提出要求。冷却补水和水体景观补水都是建筑各部门用水中的"耗水大户"。不同气候区建筑空调年运行时间差异导致的冷却补水量不同，年蒸发量不同导致的景观补水量不同等，都会对非传统水源利用率的评价结果产生很大影响。为消除这部分客观因素的影响，条文在非传统水源利用率计算时，没有计入冷却补水和水体景观补水的用水量，改为在其他条文中体现对这部分杂用水的"开源"要求。

（2）冷却补水水源。本节设置该条文旨在鼓励绿色建筑冷却补水采用非传统水源。前文提到，冷却补水节水对于建筑整体节水有着重大意义，日双击可隐藏空白和国家相关水质标准的完善，我国已颁布了《采暖空调系统水质标准》，冷却水采用非传统水源的技术条件和法规条件都已成熟。条文为冷却补水采用非传统水源设置了利用率量化要求，引导和鼓励绿色建筑积极为冷却补水"开源"，与节水器具与设备一节中的冷却节水技术"节流"相辅相成，深挖冷却节水潜力。

（3）景观补水水源。该条文鼓励采用雨水作为景观水体补水。由于自然界的地表水来自雨水，绿色建筑利用雨水对水体景观进行补水，不但能够实现节水的目的，对于修复水生态环境也有着极为重要的意义。条文对于景观水体利用雨水提出了量化指标和安全措施要求，鼓励设有景观水体的项目充分利用雨水补充景观水。同时，从节水角度考虑，对于不设置景观水体的项目给予直接满分的鼓励。此外，对于在取得当地相关主管部门的许可后，利用邻近的地表水系对景观水体进行补水这一行为，不能判定为使用非传统水源，因为非传统水源的定义为：不同于传统地表水供水和地下水供水的水源，包括再生水、雨水、海水等。

6. 标准在"节水与水资源利用"章节注重对水资源利用实际效果的要求，追求节水在经济、社会和环境方面的综合效益。条文设置在重视"节流"要求的同时，引导鼓励"开源"；在条文设置框架方面允许技术路线的多样化，最大化适用范围；在条文内部则通过细化措施要求，提出量化指标，使评价有据可依、减少主观因素对评价的影响、尽可能引导申报项目，保证技术实施的落地。

第五节 建材与材料资源利用

1. 绿色建材与绿色建筑面对当今世界资源短缺和环境恶化的巨大挑战，绿色建筑已成为建筑领域可持续发展的必然趋势。建筑材料作为建筑的载体，是建筑的物质基础和基本元素。近年来，国内外学者围绕环保、循环再生等角度对绿色建筑材料给出了诸多不同的定义。笔者认为，绿色建筑材料的内涵不同于单一性的新型功能建筑材料，是在满足建材行业基本质量标准的前提下，在原料采集、生产制造、材料使用、废弃再生的全寿命周期过程中减少对地球资源、能源的消耗，降低环境的负荷，有利于建筑使用者身心健康，满足建筑绿色发展需求的建筑材料，主要体现在低消耗、低能耗、低排放、无污染、多功能、可循环利用六大方面，其内涵与绿色建筑的理念是一致的。

2. 基础性研究工作为了更有针对性地开展修编工作，编写组首先开展了一系列基础性研究工作，包括国内外指标体系相关内容的调研分析、各地方标准的执行情况，以及2006版标准在实践中的主要问题总结等。

（1）国外指标体系发展现状调研分析修编工作启动后，笔者搜集了美国LEED，日本CASBEE、德国DGNB、英国BREEAM等绿色建筑标准体系中和"节材与材料资源利用"相关的最新内容。经过对比分析后发现：

1）国外标准在某些关注点可供我国借鉴，包括更高的建材环保性能，原有结构、构件的再利用，建材碳排放值，建筑构件在全寿命周期易清洁和更换等。

2）我国现有标准体系中节材与材料资源利用考虑的范畴较广，内容较国外相关指标体系更为丰富多样，且有自身特色。

（2）国标在各省市执行情况调研分析。近些年，全国各省市陆续编制了地方的绿色建筑评价标准，笔者选取了天津、江苏、浙江、广东、北京、湖北、广西、福建、重庆、河北、陕西、湖南、山东、香港、深圳、长沙市、太原市17个省/市的标准进行了汇总、分析，发现各省市标准在节材与材料资源利用部分的编写情况如下。

1）对国标条文基本都予以采纳保留，改动较小，少数调整主要集中在条文属性的调整和评价指标的明确。

2）各地方标准结合当地经济社会实际，对国标进行的适应性调整重点反映在新增条文中，经分析主要集中在预拌砂浆、建材禁限目录、地方推广建材、住宅全装修、构件标准化、施工节材等方面。

（3）通过大量项目的实践和评审工作总结，发现以下五大问题。

1）对于结构节材的鼓励不足。在绿色建筑的策划、设计和实施中，结构设计相比建筑、暖通、给排水、电气等其他专业，发挥的作用较小。

2）缺少与产业发展方向的衔接，如评价条文中缺少对近几年钢筋产业调整对高强钢筋使用的控制性要求。

3）缺少对新型产业热点的关注和鼓励，如预制构件、整体卫浴、新型建材等。

4）旧版标准中部分条文参评率低，没有发挥实际作用，如可再利用材料等。

5）部分条文的评价方法有待调整及细化，如土建装修一体化等。

3. 整体框架

整体框架编写组在对国内外绿建体系相关内容调研和旧版标准实践问题总结的基础上，遵循《标准》修编整体框架要求（分为控制项、评分项、加分项），研究提出了修订版"节材与材料资源利用"指标体系框架结构。控制项列有建材禁限目录、高强钢筋强制要求以及造型要素简约三条，相比2006版标准删除了建材有害物质含量相关条款，保留了建筑造型要素简约、无大量装饰性构件的要求，增加了建材禁限目录要求，同时结合目前钢筋产业调整和标准编制的强制性要求，将混凝土结构梁、柱纵向受力钢筋的强制使用也列入了控制项中。评分项围绕"节材设计"和"材料选用"两方面展开，节材设计涉及6条评价条文，材料选用涉及8条评价条文。加分项提出了对资源消耗少、环境影响小的结构体系的选取、建筑碳排放计算分析两方面内容。

整个框架结构通过评价条文的不同赋分，表征各评价指标对"节材与材料资源利用"的不同贡献程度，评价指标突出了导向性，体现了创新点，同时根据修编整体框架安排，将2006版标准中与施工节材相关的条文移入与施工管理章节。

4. 如果说绿色建筑是凝固的美妙音乐，那绿色建材就是构成这一美妙音乐的重要音符。本次标准修编确立了绿色建筑中节材与材料资源利用的整体架构和具体评价内容，可用于支撑我国绿色建筑的建设及评价工作。但是由于数据基础、产业发展、评价体系衔接等问题，导致我国目前在绿色建筑的设计节材和材料选用方面仍然有大量的工作亟须开展。我们应当借助绿色建筑规模化发展的契机，加强节材与材料资源利用的科技研发和应用实践，努力实现绿色建筑中建材用量的减少和材料资源利用效率的提升，从而为推进绿色建筑更快、更好的发展做出相应的贡献。

第六节 室内环境质量

室内环境包括居室、写字楼、办公室、交通工具、文化娱乐体育场所、医院病房、学校幼儿园教室活动室、饭店旅馆宾馆等场所。所有室内环境质量的优劣与健康均有密切的关系。在这里先谈谈人人接触的家居环境。家居环境是家庭团聚、休息、学习和家务劳动的人为小环境。家居环境卫生条件的好坏，直接影响着居民的发病率和死亡率。环境保护愈来愈受到人们的重视，但有很多人还没有意识到室内环境质量对健康的影响。城市居民每天在室内工作、学习和生活的时间占全天时间的90%左右，一些老人、儿童在室内停留的时间更长，因此，居室环境与人类健康和儿童生长发育的关系极为密切。

一、概述

室内环保需重视。人一生中三分之二时间在此度过：现代人生活和工作在室内环境中的时间已达到全天的 80%~90%，因此室内环境质量的好坏直接影响人们的身体健康。有研究显示，室内并不是安全的场所，有时室内污染反而更加严重。室内空气质量（IAQ）的重要性不言而喻。一个人每天需要 1 公斤食品、2 公斤饮水，但所需空气则为 10 公斤，室内空气质量（IAQ）对人的健康保障、舒适感受和工作学习效率尤为重要。

在经历了 18 世纪工业革命带来的"煤烟型污染"和 19 世纪石油和汽车工业带来的"光化学烟雾污染"之后，现代人正经历以"室内环境污染"为标志的第三污染时期。室内污染物可能达数千种之多，室内污染也被称为现代城市的特殊灾害：国际上已经把室内空气污染列为对公众健康危害最大的环境因素。

当前我国环境污染已经超过了警戒线，尤其是空气、水、碳尘、辐射和有毒物质时刻侵害着我们的健康，室内环境的污染更为严重：据中国消费者协会（3.15）统计，投诉重点已经从质量投诉逐步转向室内环境污染投诉。国家卫生、建设和环保部门进行过一次室内装饰材料抽查，结果发现具有毒气污染的材料占 68%，这些装饰材料会挥发出 300 多种挥发性的有机化合物，如甲醛、三氯乙烯、苯、二甲苯等，容易引发各种疾病。建筑物自身也可能成为室内空气的污染源。另有一种室内空气污染的隐患——空调，它在现代生活中日益普及，造成人体、房间和空调机最后在室内形成一个封闭的循环系统，极容易使细菌、病毒、霉菌等微生物大量繁衍。

中国环境保护协会有关数据统计表明：90% 白血病患儿家中曾进行过豪华装修，每年 210 万名儿童死于豪华装修；80% 的家庭装修甲醛超标；70% 孕妇流产和环境污染有关；每年我国因室内环境污染引起的死亡人数高达 11.1 万人，平均每天 304 人死亡。室内环境污染已经成为严重影响现代人类健康的杀手之一。

室内环境污染源及防治——人居环境要健康。

有时看上去宽敞、漂亮的房间，也许在不知不觉中已受到各种污染。居室内污染量达到一定的量将构成对人类健康不同程度的危害。室内环境对人类健康的影响，可大致分为以下几类。

1. 烹调油烟

烹调油烟含有多种有毒化学成分，厨房煮饭炒菜产生的一氧化碳、氮氧化物及强致癌物；对机体具有肺脏毒性、免疫毒性、致癌致突变性。烹调油烟对人外周血淋巴细胞具有一定的毒性作用，烹调油烟对机体的体液免疫和细胞免疫功能均有一定的影响，有关烹调油烟的健康危害研究也日益受到重视。

2. 辐射及尘埃污染

家用电器均产生不同的辐射、静电等结合尘埃粒子霉菌、病毒等随空气流动而污染室内环境，造成人们身体健康。

3. 烟草烟雾

烟草的危害是当今世界最严重的公共卫生问题之一，烟雾中含有许多致病物质，如烟碱、二氧化氮、氢氰酸、丙烯醛、砷、铅、汞等，环境烟草暴露和肺癌发生有很强的病因学关系，已经被 40 多个流行病学研究证实。

4. 生物性污染

主要来自家庭饲养的花鸟鱼虫和猫狗宠物，包括细菌、真菌（包括真菌孢子）、花粉、病毒、生物体有机成分等。

5. 人体代谢

由人体呼吸排入环境的气体污染物有 100 多种，由皮肤排泄的近 200 种。其中，影响人体健康的主要有体臭、氨、霉菌、病菌、病毒等。

6. 室外来源污染

室外空气中的各种污染物包括工业废气和汽车尾气通过门窗、孔隙等进入室内；人为带入室内的污染物等。

常见表现

表现 1：每天清晨起床时，感到憋闷、恶心，甚至头晕目眩；

表现 2：家里人经常容易患感冒；

表现 3：虽然不吸烟，也很少接触吸烟环境，但是经常感到嗓子不舒服，有异物感，呼吸不畅；

表现 4：家里小孩常咳嗽、打喷嚏、免疫力下降，新装修的房子孩子不愿意回家；

表现 5：家人常有皮肤过敏等毛病，且是群发性的；

表现 6：家人共有一种疾病，而且离开这个环境后，症状就有明显变化和好转；

表现 7：新婚夫妇长时间不怀孕，查不出原因；

表现 8：孕妇在正常怀孕情况下发现胎儿畸形；

表现 9：新搬家或新装修后，室内植物不易成活，叶子容易发黄、枯萎，特别是一些生命力很强的植物也难以正常生长；

表现 10：新搬家后，家养的宠物猫、狗或者热带鱼莫名其妙地死掉，而且邻居家也是这样；

表现 11：一上班感觉喉疼，呼吸道发干，时间长了头晕，容易疲劳，下班以后就没有问题了，而且同楼其他工作人员也有这种感觉；

表现 12：新装修的家庭和写字楼的房间或者新买的家具有刺眼、刺鼻等刺激性异味，而且超过一年仍然气味不散。

二、错误表现

由于室内空气污染直接危害健康和生命,我们应当认识到室内空气污染问题的严重性,并寻求检测和治理办法,但仍有不少人对室内污染后是否需要进行室内空气监测认识不足。他们有的嫌麻烦,自认为不会对身体造成多大的危害,只要开开门窗,房间里放些绿色植物就行了,其实,植物去除家具异味的功效有限,只能作为室内环境治理的辅助手段。说得更明确一点就是,只有当室内空气轻度污染时,植物才能为去除家具异味起一点小的作用,如果室内空气污染严重时,植物就无能为力了。此外,即使在植物吸收有害气体的同时,人也在同步吸收有害气体。

有的觉得房间里气味不大,不需要检测。也有的人认为家居及装修材料都是自己精心挑选的环保产品,不会有污染等。其实,环保装饰材料只是指有害物质的含量在一定的限量以下,但不是完全没有,如果在一间房间内大量使用,由于累加效应,仍可能造成室内空气质量不符合要求,甚至严重超标。另外,在装饰材料中的很多有害物质凭肉眼和嗅觉是无法分辨的。如苯系物刺激性气味并不大,但对人体的危害非常大。再如放射性气体氧无气味,但可引发肺癌,是仅次于吸烟的第二大危险因素。因此,每个家庭和个人一定要对室内装修污染有一个清醒的认识和防范意识。应当明白一旦因空气污染对自身健康造成危害,不仅影响工作学习,还会给家庭带来沉重的经济负担。更何况如果因污染引发白血病、肺癌等,则治疗起来很困难,甚至于危及生命。

三、健康重要

随着经济的发展、人民生活水平的提高,在改善居住条件时,大家比较习惯于考虑住房的位置、环境、交通是否方便,再就是住房的面积、实用方便性和是否美观。20 世纪 70 年代爆发了全球性能源危机,一些发达国家在建筑物设计方面为了节省能源,导致室内通风不足,室内污染状况恶化,出现了"军团病"和"致病建筑物综合征"。急性传染性非典型肺炎(SARS)的突然爆发主要是由于室内传播;HIN1 猪流感及超级细菌的出现,都说明室内环境健康的重要性!除在医院传播外,有些是在家里居室由病人或病毒携带者传播给家人。因此,"健康家居"的新概念突显其重要意义,也就是家居应将健康放在首位。

四、标准体系

室内环境标准体系包括以下七个部分,现分别加以叙述。

1. 室内空气质量标准:GB/T18883-2002,共有 19 项指标,共分四类室内环境质量参数,它全面地列出了空气中与人体健康密切相关的各项因素,属于综合性的质量标准。

2. 公共场所卫生标准

对于具体的公共场所（室内环境），根据其具体环境特点及与人体健康等因素，分别规定了室内应检测的参数，除空气参数外，有的公共场所还包括了噪声、照度。

3. 室内装饰装修材料中有害物质限量

室内环境污染物主要来自室内装饰装修材料（八种）和建筑材料（两种）。为此，国家出台了这 10 种材料的有害物质的强制性国家标准。每种装饰装修材料依其组成特性，分别确定了具体有害物质的限量值。这 10 项国家标准，由国家市场监督管理总局发布，在全国范围内适用，它是对影响室内空气质量的主要污染物的控制标准。

4. 室内环境基础标准、方法标准

室内环境基础标准是指在环境标准化工作范围内，对有指导意义的符号、代号、指南、程序、导则及其他通用技术要求等做出的技术规定。它是制定其他环境标准的基础。室内环境基础标准主要包括管理标准、名词术语标准、符号代号以及空气监测技术导则等。

室内环境检测方法标准是指为统一室内环境检测的采样、保存、结果计算和测定方法所做出的技术规定。其标准的构建，主要采用已颁布使用的"环境空气"的检测方法和"公共场所卫生标准"检验方法，另一部分是以"附录"的形式同"室内环境标准"一并发布。

5. 室内环境标准、样品标准和仪器设备标准室内环境监测的标准分析方法，都是相对标准样品进行定量的方法即相对分析法。因此室内监测离不开标准物质（样品），已有专门用于室内环境监测用的甲醛、氨、苯、甲苯、二甲苯、TVOC、二氧化硫、二氧化氮、一氧化碳、二氧化碳等标准样品（有标准样品号、标准值及不确定度的证书），可在生态环境部标准物质研究所购买。

室内环境检测仪器标准主要是为了保证室内环境检测数据的可靠性和可比性，对检测仪器的技术要求所做出的统一规定。室内环境检测用的现场直读的检测仪器的技术要求，多体现在空气质量检测的标准和检测方法的标准中，必须按此技术要求选购检测仪器。

五、控制规范

为了预防和控制民用建筑工程中建筑材料和装修材料产生的室内环境污染，保障公众健康，维护公共利益，做到技术先进，经济合理，确保安全适用，特制定本规范。

本规范适用新建、扩建和改建的民用建筑工程室内环境污染控制，不适用于工业生产建筑工程、仓储性建筑工程、构筑物和有特殊净化卫生要求的室内环境污染控制，也不适用于民用建筑工程交付使用后，非建筑性装修产生的室内环境污染控制。

本规范控制的室内环境污染物有氡（Rn-222）、甲醛、氨、苯及总挥发性有机物（TVOC）。

民用建筑工程按不同的室内环境要求分为以下两类：

Ⅰ类民用建筑工程：住宅、医院、老年建筑、幼儿园、学校教室等民用建筑工程；

Ⅱ类民用建筑工程：办公楼、商店、旅馆、文化娱乐场所、书店、图书馆、展览馆、体育馆、商店、公共交通等候室、餐厅、理发店等民用建筑工程。

民用建筑工程所选用的建筑材料和装修材料必须符合本规范的有关规定。

民用建筑工程室内环境污染控制除应符合本规范外，尚应符合国家现行的有关标准的规定。

第七节 施工管理

1.绿色建筑评价标准与施工过程施工阶段是绿色建筑全寿命周期的一个环节，国际上影响比较大的绿色建筑评估体系如美国能源及环境设计先导计划（LEED）、英国建筑研究组织环境评价法（BEEE）等的评价条款均有建筑施工阶段的内容。原标准虽有施工内容，但内容分散、空洞，缺乏量化指标，可操作性差，实际评审中形同走过场。《新标准》专设章节，定性、定量指标双管齐下，丰富了绿色建筑全寿命周期的内涵。

（1）美国能源及环境设计先导计划（LEED2009）该评价标准分七个部分，共有8个必要条款、规定内容的条款是46条，满分100分。此外还有创新条款，满分10分。与施工阶段有关的条款设有必要条款强调，得分条款10条，可得分14分。创新条款可得I分。施工内容条款主要包括施工中的污染防治、施工废弃物管理、建筑材料选用、室内空气质量管理、能源系统调试等。与施工有关的内容大约占总分的14%。

（2）英国建筑研究组织环境评价法（BREEAEM2011）该评价标准分为10个部分，其中创新是鼓励部分，不同部分在最后计算中的权重不一样。常规满分分值为100分，创新满分10分。与施工阶段有关的条款常规条款大约可以得16分，创新大约可以得2分。施工内容条款主要包括施工管理、材料选用、施工垃圾管理等。与施工有关的内容大约占总分的16%。

（3）绿色建筑评价标准结合我国的实际情况，评价指标分为六部分，即节地与室外环境、节能与能源利用、节水与水资源利用、节材与材料资源利用、室内环境质量和运行管理。对于住宅建筑，评价指标包括控制项27条、一般项40条、优选项9条，共计76条。与施工阶段有关的为7条，内容主要包括环境保护、建材选用、室内空气质量等。与施工有关的内容大约占总条款数的9%。

由上可知，主要的绿色建筑评价标准均包含有施工过程中的内容，我国绿色建筑评价分为两个阶段：设计评价和运行评价，因此，将施工管理单独成章，在运行阶段评价，便于具体操作。

2.对于获得绿色施工认可的建筑工程项目，是否满足了施工管理章的要求呢，下面分析一下两者之间的差异，来加以说明。

（1）评价对象差异《绿色建筑评价标准》的评价对象是绿色建筑，即建筑产品。施工管理章是评价的内容之一。《建筑工程绿色施工评价标准》的评价对象是绿色施工，载体可为绿色建筑也可为非绿色建筑，即建筑产品生产（施工）过程。

（2）评价过程差异"绿色建筑的评价分为设计评价和运行评价。设计评价应在建筑工程施工图设计文件审查通过后进行，运行评价应在建筑通过竣工验收并投入使用一年后进行"。其中施工管理部分仅仅在运行评价阶段参评。显然其特点是一次性评价，要求评价指标以结果性为主，并具有可证实性。"绿色施工的评价阶段宜按地基与基础、结构工程、装饰装修与机电安装工程进行"，"绿色施工项目自评价次数每月不应少于一次，且每阶段不应少于一次"。显然其特点是施工阶段的全过程评价，评价指标以措施性为主，主要评价措施的落实度。

（3）评价指标选取原则差异由于上述两个方面的差异，造成了在评价指标选取原则上存在差异。《新标准》施工管理条文是为绿色建筑实现服务的，除了在施工活动中需要考虑"四节一环保"要求外，还应该保障绿色建筑设计性能的实现，评价指标中应有满足这一要求的内容。施工管理仅仅是绿色建筑的一个环节，主要选取施工活动中有关"四节一环保"的几个关键要素，作为评价指标。由于是一次性评价，要求评价指标以结果性为主，所以尽量采用定量评价指标。《建筑工程绿色施工评价标准》是以建筑工程施工活动为对象，不需要考虑是否为绿色建筑，因此评价指标仅仅涉及施工活动中的"四节一环保"要素，不对建筑的绿色性能有要求。由于实行的是施工活动全过程评价，以措施性指标为主，采用定性评价指标更符合实际情况。评价指标的设定全面，对建筑工程施工阶段应该采取的绿色施工措施等做详尽的描述，规范绿色施工行为。总之，《新标准》施工管理部分对施工过程的评价与《建筑工程绿色施工评价标准》对施工活动的评价，应该是相互独立的两个不同的方面。根据《建筑工程绿色施工评价标准》获评的建筑工程项目，并不能在绿色建筑评价中替代施工管理章的内容。

3. 施工管理章既要参考国际上有影响的绿色建筑评价标准，结合我国四节一环保的绿色建筑特色，施工管理章的指标主要包括了环境保护、资源节约和质量保障。

（1）指导思想和原则施工管理章的编制指导思想和原则是：1）设计的绿色建筑得以保质保量地建造完毕；2）条文设置上抓住施工中的关键问题，保证施工过程中的"四节一环保"以及人员健康的保障，体现施工环节的主要绿色措施；3）评价方法定性与定量相结合，"软硬"结合，注重实用性和可操作性；4）设计预审的条文与运营阶段的条文各占一定比例。

（2）条文设置突出体现了以下特点：

1）指标设置。突出体现关键定量指标，注重基础数据的采集及过程结果的双控制，兼顾条文的科学性、合理性和灵活性。

2）分值与权重设置。基于广泛充分的调研及试评工作反馈，加强条文的细化分档，提高可操作性并体现出指标的重要性和引导性。

3）引导与推动。提高绿色建筑施工中对环境保护及人员健康的重视程度，考虑对国内绿色产品配套标准发展的引导和推动，鼓励新技术的应用。

4. 环境保护

（1）施工活动对环境影响控制建筑施工过程是对工程场地的一个改造过程，不但改变了场地的原始状态，而且对周边环境造成影响，包括扬尘、噪音、污水排放、光污染、水土流失、土壤污染等。其中扬尘、噪音对附近居民的影响较大。扬尘增加了大气总悬浮颗粒物，降低了空气质量；施工噪音往往是居民投诉的重点。控制与减少施工扬尘和噪音，对降低环境负面影响具有普遍意义。

（2）建筑废弃物管理建筑废弃物管理，是降低环境负影响和节约材料的综合性指标。建筑废弃物是城市垃圾的主要来源之一，具有数量大、组成成分复杂和可回收利用程度高的特点。但目前对建筑废弃物的回收利用率较低，大部分建筑废弃物未经任何处理，便被施工单位运往郊外或乡村，采用露天堆放或填埋的方式进行处理，耗用大量的征用土地费、废弃物清运费等建设经费。同时，清运和堆放过程中的遗撒、粉尘、淋滤液、挥发物、土地恶化等问题又造成了严重的环境污染。因此从源头上减少建筑废弃物的产生量和排放量，是减少材料浪费、有利环境保护的重要一步。

5. 资源节约

（1）节能节水从基础做起。《新标准》施工管理章编制的前期调查发现，施工阶段建成每单位建筑的能耗、水耗根据不同地区、不同建筑类型，其数值相差大数十倍。即使是相同的建筑类型或相近的地区，其差异也很大。施工管理章主要通过节能、节水计划，实现施工阶段减少能源与水的消耗。通过有计划、有目的地监测并记录施工阶段能耗、水耗，可以有针对性地减少消耗，并积累施工阶段建成每单位面积建筑的能耗、水耗基础数据，为今后制定有关标准、制度提供依据，也为施工阶段的碳排放计算积累基础数据。

（2）建筑材料节约施工管理章中的材料节约，主要针对建筑工程中材料消耗大并有节约余地的混凝土钢筋和模板等，提倡采用新技术，降低消耗量。编制前期调研发现，很多建筑工程项目预拌混凝土的损耗率在3%左右，而各地方定额标准的损耗在1.5%左右。有资料表明，我国混凝土工程钢筋浪费率约为6%，而我国各地的钢筋定额根据钢筋标号不同，一般在3%~4.5%之间。混凝土、钢筋工程是建筑结构工程的主要内容，减少其损耗率，对材料节约和成本降低均有实际意义。我国建筑项目施工大多是项目部独立核算，使得散装散拆的木胶合板模板和竹胶合板模板应用广泛。这种施工方式，模板周转次数一般为4~6次，造成大量的材料浪费。材料的节约还有赖于新技术的应用，如专业化生产成型钢筋，减少现场作业、降低加工成本、提高生产效率、改善施工环境和保证工程质量。采用定型模板，提高施工周转次数，减少废弃物的产出。这些在施工管理章中均有涉及，以引导施工新技术的推广应用。

6. 过程管理：过程管理的目的是保障设计阶段绿色建筑性能指标，包括设计寿命、能耗效率、舒适性等，通过施工得以实现，不降低《标准》所述的"绿色建筑重点内容"的绿色性能。

（1）施工质量：保障通过施工图会审，充分了解绿色建筑重要内容。这是保障"绿色建筑重点内容"实现的前提。通过技术交底,从施工方法、施工工艺等技术层次上的要求,保障"绿色建筑重点内容"在施工中得到贯彻;通过施工日志记录,从实施的层次上,保障技术交底的具体落实,进而达成绿色建筑重点内容的实现。施工中根据施工现场的具体条件,会对设计文件进行变更,这在施工实践中是十分常见的现象,但设计变更有可能使绿色建筑的相关指标发生变化。北京石景山区一栋六层住宅建筑,外围护结构设计的传热系数为 0.581W/($m^2 \cdot K$),竣工后实测是 1.61W/($m^2 \cdot K$),相差近 3 倍,成了不合格产品。究其原因,是因为该项目根据文件要求,外墙保温材料燃烧性能等级应达到 A 级,从而将原设计为挤塑板的外墙保温材料,变更为其他材料,又没有经过进一步论证,导致外墙传热系数大于原设计。因此,严格控制设计变更,是保障绿色建筑性能的有效措施。

(2)材料质量:保障建筑使用寿命的延长意味着更好地节约能源资源。建筑结构耐久性指标、装饰装修材料质量,建筑设备的质量,均决定着建筑以及设备的使用年限。目前我国的有关建筑质量验收规范规定了使用的材料、设备等的质量由建筑承包商把关。因此,检查建筑工程用材料、设备的质量保障,对绿色建筑具有重要意义。

(3)运行效果保障:随着技术的发展,现代建筑的机电系统越来越复杂。系统综合调试和联合试运转的目的,就是让建筑机电系统的设计、安装和运行达到设计目标,保证绿色建筑的运行效果。机电系统的单系统调试有相应的验收规范,但综合调试还没有。在各系统运转下,进行综合调试,找出可能存在的问题,使各系统满足设计要求。联合试运转应该包括不同的季节,如在采暖期、制冷期等,以保证机电系统在不同季节下的有效运行。

7. 作为绿色建筑评价标准,应涵盖其全寿命周期中包括施工管理在内的各个环节。绿色建筑评价中的施工管理包含两重含义:一是将绿色设计变为现实,不降低绿色建筑的绿色性能;二是保障施工过程本身的绿色,即"绿色地"实现绿色建筑设计方案中包含的"四节一环保"的内容,这也是施工管理评价的核心任务。《新标准》增加了施工管理内容,体现出完整意义上绿色建筑的特色和对绿色建筑全寿命周期的关注,有利于进一步推动绿色建筑和绿色施工的发展。

第八节 运营管理

运营管理指对运营过程的计划、组织、实施和控制,是与产品生产和服务创造密切相关的各项管理工作的总称。运营管理是现代企业管理科学中最活跃的一个分支,也是新思想、新理论大量涌现的一个分支。

1. 历史起源

在当今社会,不断发展的生产力使得大量生产要素转移到商业、交通运输、房地产、通信、公共事业、保险、金融和其他服务性行业和领域,传统的有形产品生产的概念已经不能反映和概括服务业所表现出来的生产形式。因此,随着服务业的兴起,生产的概念进一步扩展，逐步容纳了非制造的服务业领域，不仅包括了有形产品的制造，而且包括了无形服务的提供。

西方学者把与工厂联系在一起的有形产品的生产称为"production"或"manufacturing"，而将提供服务的活动称为"operations"。趋势是将两者均称为运营。生产管理也就演化为运营管理（operations management）。

2. 发展

现代运营管理涵盖的范围越来越大。现代运营的范围已从传统的制造业企业扩大到非制造业。其研究内容也已不局限于生产过程的计划、组织与控制，而是扩大到包括运营战略的制定、运营系统设计以及运营系统运行等多个层次的内容。把运营战略、新产品开发、产品设计、采购供应、生产制造、产品配送直至售后服务看作一个完整的"价值链"，对其进行集成管理。

（1）提高竞争力

随着市场竞争日趋激烈和全球经济的发展，运营管理如何更好地适应市场竞争的需要，成为企业生存发展的突出问题。由于运营管理对企业竞争实力的作用和对运营系统的战略指导意义，它日益受到各国学者和企业界的关注。随着人们对企业战略的研究与实践，也开始了对运营战略的研究。

第二次世界大战之后，美国企业通过其市场营销和财务部门来开发其企业战略。由于战争期间产品极为匮乏，使得战后的美国对产品的需求十分旺盛，当时美国企业可能够以相当高的价格出售他们生产管理的任何产品。在这样的企业环境中，人们不注意运营战略问题，只关心大量生产管理产品供应市场。但是，到了20世纪60年代末期，哈佛商学院被称为"运营战略之父"的管理大师威克汉姆·斯金纳教授（Wickham Skinner）认识到美国制造业的这一隐患，他建议企业开发运营战略，以作为已有的市场营销和财务战略的补充。在他早期著作中，就提到了运营管理和企业总体战略脱节的问题，但当时并没有引起企业界注意。

由哈佛商学院的埃伯尼斯（Abernathy）、克拉克（Clark）、海斯（Hayes）和惠尔莱特（Wheelwright）进行的后续研究，继续强调了将运营战略作为企业竞争力手段的重要性，他们认为如果不重视运营战略，企业将会失去长期竞争力。例如，他们强调利用企业生产管理设施和劳动力的优势作为市场竞争武器的重要性，并强调了如何用一种长期战略眼光去开发运营战略的重要性。

（2）运营战略

运营战略是运营管理中最重要的一部分，传统企业的运营管理并未从战略的高度考虑运营管理问题，但是在今天，企业的运营战略具有越来越重要的作用和意义。运营战略是指在企业经营战略的总体框架下，如何通过运营管理活动来支持和完成企业的总体战略目标。运营战略可以视为使运营管理目标和更大的组织目标协调一致的规划过程的一部分。运营战略涉及对运营管理过程和运营生产管理的基本问题所做出的根本性谋划。

由此可以看出，运营战略的目的是为支持和完成企业的总体战略目标服务的。运营战略的研究对象是生产管理运营过程和生产管理运营系统的基本问题，所谓基本问题是指包括产品选择、工厂、选址、设施布置、生产管理运营的组织形式、竞争优势要素等。运营战略的性质是对上述基本问题进行根本性谋划，包括生产管理运营过程和生产管理运营系统的长远目标、发展方向和重点、基本行动方针、基本步骤等一系列指导思想和决策原则。

运营战略作为企业整体战略体系中的一项职能战略，它主要解决在运营管理职能领域内如何支持和配合企业在市场中获得竞争优势。运营战略一般分为两大类：一类是结构性战略——包括设施选址、运营能力、纵向集成和流程选择等长期的战略决策问题；另一类是基础性战略——包括劳动力的数量和技能水平、产品的质量问题、生产管理计划和控制以及企业的组织结构等时间跨度相对较短的决策问题。

企业的运营战略是由企业的竞争优势要素构建的。竞争优势要素包括低成本、高质量、快速交货、柔性和服务。企业的核心能力就是企业独有的、对竞争优势要素的获取能力，因此，企业的核心能力必须要与竞争优势要素协调一致。

运营战略是以最有效地利用企业的关键资源，以支持企业的长期竞争战略以及企业的总体战略的一项长期的战略规划，因此，运营战略涉及面通常非常广泛，主要的一些长期结构性战略问题包括：

1）需要建造多大生产管理能力的设施；

2）建在何处；

3）何时建造；

4）需要何种类型的工艺流程来生产管理产品；

5）需要何种类型的服务流程来提供服务。

3. 定义

运营管理是对组织中负责制造产品或提供服务的职能部门的管理。

4. 对象

运营管理的对象是运营过程和运营系统。运营过程是一个投入、转换、产出的过程，是一个劳动过程或价值增值的过程，它是运营的第一大对象，运营必须考虑如何对这样的生产运营活动进行计划、组织和控制。运营系统是指上述变换过程得以实现的手段。它的构成与变换过程中的物质转换过程和管理过程相对应，包括一个物质系统和一个管理系统。

5. 职能

现代管理理论认为，企业管理按职能分工，其中最基本的也是最主要的职能是财务会计、技术、生产运营、市场营销和人力资源管理。这五项职能既是独立的又是相互依赖的，正是这种相互依赖和配合才能实现企业的经营目标。企业的经营活动是这五大职能有机联系的一个循环往复的过程，企业为了达到自身的经营目的，上述五大职能缺一不可。

运营职能包括密切相关的一些活动，诸如预测、能力计划、进度安排、库存管理、质量管理、员工激励、设施选址等。

6. 目标

企业运营管理要控制的主要目标是质量、成本、时间和柔性。它们是企业竞争力的根本源泉。因此，运营管理在企业经营中具有重要的作用。特别是近二三十年来，现代企业的生产经营规模不断扩大，产品本身的技术和知识密集程度不断提高，产品的生产和服务过程日趋复杂，市场需求日益多样化、多变化，世界范围内的竞争日益激烈，这些因素使运营管理本身也在不断发生变化。尤其是近十几年来，随着信息技术突飞猛进的发展，为运营增添了新的有力手段，也使运营学的研究进入了一个新阶段，使其内容更加丰富、范围更加扩大、体系更加完整。

7. 特点

（1）信息技术已成为运营管理的重要手段。由信息技术引起的一系列管理模式和管理方法上的变革，成为运营的重要研究内容。近30年来出现的计算机辅助设计（CAD）、计算机辅助制造（CAM）、计算机集成制造系统（CIMS）、物料需求计划（MRP）、制造资源计划（RPII）以及企业资源计划（ERP）等，在企业生产运营中得到广泛应用。

（2）运营管理全球化，全球经济一体化趋势的加剧，"全球化运营"成为现代企业运营的一个重要课题，因此，全球化运营也越来越成为运营学的一个新热点。

（3）运营系统的柔性化。生产管理运营的多样化和高效率是相矛盾的，因此，在生产管理运营多样化前提下，努力搞好专业化生产管理运营，实现多样化和专业化的有机统一，也是现代运营追求的方向。供应链管理成为运营管理的重要内容。

8. 范围

运营管理的范围因组织而异。运营管理人员要进行的工作包括产品和服务设计、工艺选择、技术的选择和管理、工作系统设计、选址规划、设施规划以及该组织产品和服务质量的改进。

按绿色建筑的标准建设，取得绿色建筑的标识认证，已成为中国建设业的主流。然而，有不少项目在设计阶段获得了高星级标识，到运营阶段由于缺乏有效的运营能力和真实的运行数据，往往达不到预期的绿色目标。为什么投入大量的精力和资金建造的绿色建筑，却达不到预期的目标？

运营管理的价值是人工设施都需要通过精心规划与执行，谋求实现当初立意的目标——功能、经济收益、非经济的效果和收益，这就是"运营管理"。大到一座城市小到一幢建筑，运营管理都是不可缺失的。人工设施是长期存在的，因此运营管理必然在其寿命周期相伴而行。遗憾的是，人们热心于构建宏伟的项目，但往往不关注运营管理。中国大地上耸立众多的政绩工程，有相当数量处于"烂尾"状态，细细分讲，其中不乏立意为民设置科学的项目，但是建成后缺乏有效的运营管理机制，不仅未能取得预期的效益，甚至因无法延续使用而被废弃，导致大量的财力和人力付诸东流。运营管理（Operations Management）是一门科学，有效的运营管理必须将人、流程、技术和资金等要素整合在运营系统中创造价值。绿色建筑也有一个投入、转换、产出的过程，需要通过运营管理来控制建筑物的服务质量、运行成本和生态目标。

第九节 提高与创新

一、着力绿色建筑发展模式的创新

我国绿色建筑发展之初，主要是通过政府部门引导，由建筑工程项目的建设单位或开发商自愿开发设计绿色建筑，这种模式既没有发展计划，也没有明确目标，也就很难形成绿色建筑规模化系统化的发展。

目前，国家有关部门已经推出了一系列措施，为调整并升级建筑市场结构以及绿色建筑今后的市场化发展指明了方向。新修订的《绿色建筑评价标准》（GB-T50378-2014）成为国家标准，并从2015年1月1日起开始实施。另一项绿色建筑方面的新国标《民用建筑能耗标准》GB/T51161-2016，自2016年12月1日起实施。这些标准对可再生能源替代率提出了明确要求，并明确政策指导和对企业的激励、补贴机制，使评价对象范围得到扩展，评价阶段更加明确、评价方法更加科学合理、评价指标体系更加完善，整体具有创新性，这必将推动我国绿色建筑大规模发展，加快绿色建筑市场化进程。因此，绿色建筑上升到国家战略高度是大势所趋，要实现绿色建筑发展模式的创新，必须结合国家示范工程项目发展绿色建设；结合各类政府投资工程项目建设发展绿色建筑；结合绿色生态城区建设发展绿色建筑；结合技术创新发展绿色建筑；结合城乡绿色生态规划发展绿色建筑。使绿色建筑发展模式得到创新，呈现快速发展的态势。

二、着力绿色建设设计理念的创新

由于我国绿色建筑发展时间短、实践积累少、经验缺乏，以致使目前一些工程建设项目在进行绿色建筑设计时，未能从绿色建筑的整体考虑，不能系统地开展绿色建筑的规划和设计，常常是在传统设计思路和框架下，叠加一些"绿色技术"设备或产品，有的没有考虑因地制宜，也不太注重实际效果，未能辩证处理被动技术和主动技术措施之间的协调，只热衷于一些所谓高技术和产品的使用，导致建筑本体能耗高，造成墙体材料效能的浪费，有的工程即使采用最节能的供能系统，但整体仍然不是真正的节能建筑，有的项目由于没有考虑集成化设计的原则，也导致对多项技术集成应用效果无法进行控制。

着力绿色建筑设计理念的创新，就必须坚持系统性整体性的原则，认真做好绿色建筑方案的策划，并在此基础上制定绿色建筑的规划和设计方案。要从绿色建筑的整体考虑，结合建筑工程项目当地的地理气候特点，在满足建筑使用功能的基础上，选用合理、适用的绿色建筑技术。要按照绿色建筑设计协调原则，注重设计团队、策划团队以及执行团队之间的密切配合，注重建筑设计过程中各个专业的协调配合，及时解决设计过程中出现的各类矛盾和突出问题，使建筑产品成为既能满足建筑使用功能，又能充分体现绿色发展理念的统一整体。

三、着力绿色建筑管理制度的创新

我国绿色建筑发展可以说是刚刚起步，也主要是通过绿色建筑标识制度开始实施。随着绿色建筑市场化进程的加快推进，过去仅有的标识制度已显然不能满足全面发展的需求，更不能实现建筑领域进一步节能减排的目标任务。因此，首先应通过创新绿色建筑的标识制度、强制与激励制度、监管制度和质量保障制度，来确保绿色建筑市场化进程的强力实施。

目前，我国绿色建筑标识的评审制度主要的方法是以专家为主的会议评审，今后进入绿色建筑大规模发展阶段，专家需求量会急剧上升，必须研究建立第三方评审或认证评审人员资质的方式，使绿色建筑标识制度得到创新发展。其次，我国绿色建筑监管体系至今还没有真正建立，主要采取的是针对绿色建筑标识项目的备案管理制度，而这种备案制度很难从工程建设项目的全过程来保证绿色建筑的质量，因此，必须进行监管制度的创新，以延伸现有监管制度的方式来确保绿色建筑的质量。有关部门可前移新建建筑监管关口，在城市规划审查中增加对建筑节能和绿色建筑指标的审查内容，在城市的控制性详规中落实相关指标体系，或将涉及建筑节能和绿色建筑发展指标列为土地出让的重要条件。

也可以推行绿色建筑的项目要求全装修，按照《建筑节能与绿色建筑发展"十三五"规划》中的要求，增加绿色建筑设计专项审查内容，建立绿色施工许可制度，实行民用建筑绿色信息公示告知等等。要创新强制实施与激励引导相结合的制度，对政府投资的保障房、大型公共建筑强制执行绿色建筑标准，通过激励政策引导房地产开发类项目切实执行绿色建筑标准，建设绿色居住小区。总之，要以创新的思维和政策激励的方法，充分调动各方加快绿色建筑发展的积极性，健全完善绿色建筑标准标识和约束机制等制度建设，努力提升绿色建筑标准的执行力。

四、着力绿色建筑应用技术的创新

近年来，随着我国节能减排实施战略的不断深入，节能、节水、节地、节材和保护环境的技术得到广泛应用。但由于一些绿色建筑技术和产品应用时间短、工程实践应用少，有的与建筑的结合度差，有的适用性不好，甚至有的与建筑的设计使用寿命还有相当差距，这在一定程度上阻碍了绿色技术产品的广泛应用。

绿色建筑的技术创新，是促进建筑业发展模式转变的主要动力。推动绿色建筑应用技术的创新，就必须以应用促研发，在应用技术的过程中发现问题、解决问题，并完善和改进技术，使研发更有针对性；就必须以使用促提高，在使用过程中不断总结技术的适用性，促进产品技术水平的不断提升，使绿色建筑技术既能满足提升建筑功能建筑品质的需要，又能实现绿色技术在建筑节能、节水、节地、节材上的作用，实现绿色建筑技术的广泛应用，带动绿色产业的纵深发展。

第五章 建筑工程施工项目成本控制

对于建设项目的具体建设，加强管理和成本控制是重要方面。实施这样的控制和管理控制需要全面地关注所有方面，有效地完成结算工作之后，我们才能真正提高成本管理的最终水平。在建设项目的建设过程中，有必要加强成本控制和管理。无论是人力还是物力，只有通过严格的科学控制和管理，才能经常获得更高的收入，保障建筑施工中的成本不会造成浪费。基于此，本章对施工项目成本控制展开讲述。

第一节 建筑工程施工项目成本控制概述

一、成本控制的概念

项目成本控制是指项目经理部在项目成本形成的过程中，为控制人工、机械、材料消耗和费用支出，降低工程成本，达到预期的项目成本目标，所进行的成本预测、计划、实施、核算、分析、考核、整理成本资料与编制成本报告等一系列活动。

项目成本控制是在成本发生和形成的过程中，对成本进行的监督、检查。成本的发生和形成是一个动态的过程，这就决定了成本的控制也应该是一个动态过程，因此，也可称为成本的过程控制。

二、成本控制的对象和内容

1. 以项目成本形成的过程作为控制对象

根据对项目成本实行全面、全过程控制的要求，具体的控制内容包括以下几方面。

（1）在工程投标阶段，应根据工程概况和招标文件，进行项目成本的预测，提出投标决策意见。

（2）施工准备阶段，应结合设计图纸的自审、会审和其他资料（如地质勘探资料等），编制实施性施工组织设计，通过多方案的技术经济比较，从中选择经济合理、先进可行的施工方案，编制明细的成本计划，对项目成本进行事前控制。

（3）施工阶段，利用施工图预算、施工预算、劳动定额、材料消耗定额和费用开支标准等对实际发生的成本费用进行控制。

（4）竣工交付使用及保修阶段，应对竣工验收过程中发生的费用和保修费用进行控制。

2.以项目的职能部门、施工队和生产班组作为成本控制对象

成本控制的具体内容是日常发生的各种费用和损失，这些费用和损失都发生在各个职能部门、施工队和生产班组，因此，也应以职能部门、施工队和班组作为成本控制对象，接受项目经理和企业有关部门的指导、监督、检查和考评。

与此同时，项目的职能部门、施工队和班组还应对自己承担的责任成本进行自我控制，应该说，这是最直接、最有效的项目成本控制。

3.以分部分项工程作为项目成本的控制对象

为了把成本控制工作做得扎实、细致，还应以分部分项工程作为项目成本的控制对象。在正常情况下，项目应该根据分部分项工程的实物量，参照施工预算定额，联系项目管理的技术素质、业务素质和技术组织措施的节约计划，编制包括工、料、机消耗数量以及单价、金额在内的施工预算，作为对分部分项工程成本进行控制的依据。

目前，边设计边施工的项目比较多，不可能在开工之前一次编出整个项目的施工预算，但可根据出图情况，编制分阶段的施工预算。总的来说，不论是完整的施工预算，还是分阶段的施工预算，都是进行项目成本控制必不可少的依据。

4.以对外经济合同作为成本控制对象

在社会主义市场经济体制下，工程项目的对外经济业务，都要以经济合同为纽带建立合约关系，以明确双方的权利和义务。在签订上述经济合同时，除了要根据业务要求规定的时间、质量、结算方式和履（违）约奖罚等条款外，还必须强调要将合同的数量、单价、金额控制在预算收入以内。合同金额超过预算收入，就意味着成本亏损；反之，就能降低成本。

三、成本控制的依据

1.项目承包合同文件

项目成本控制要以工程承包合同为依据，围绕降低工程成本这个目标，从预算收入和实际成本两方面，努力挖掘增收节支潜力，以求获得最大的经济效益。

2.项目成本计划

项目成本计划是根据工程项目的具体情况制定的施工成本控制方案，既包括预定的具体成本控制目标，又包括实现控制目标的措施和规划，是项目成本控制的指导文件。

3.进度报告

进度报告提供了每一时刻工程实际完成量、工程施工成本实际支付情况等重要信息。施工成本控制工作正是通过实际情况与施工成本计划相比较，找出二者之间的差别，分析偏差产生的原因，从而采取措施改进以后的工作。此外，进度报告还有助于管理者及时发现工程实施中存在的隐患，并在事态还未造成重大损失之前采取有效措施，尽量避免损失。

4. 工程变更与索赔资料

在项目实施过程中，由于各方面原因，工程变更是很难避免的。工程变更一般包括设计变更、进度计划变更、施工条件变更、技术规范与标准变更、施工次序变更、工程数量变更等。一旦出现变更，工程量、工期、成本都将发生变化，从而使得施工成本控制工作变得更加复杂和困难。因此，施工成本管理人员应当通过对变更要求当中各类数据的计算、分析，随时掌握变更情况，包括已发生工程量、将发生工程量、工期是否拖延、支付情况等重要信息，判断变更以及变更可能带来的索赔额度等。

除了上述几种项目成本控制工作的主要依据以外，有关施工组织设计、分包合同文本等也都是项目成本控制的依据。

四、成本控制的重要性

项目管理是一次性行为，它的管理对象只有一个工程项目，且将随着项目建设的完成而结束其历史使命。在施工期间，项目成本能否降低，有无经济效益，得失在此一举，别无回旋余地，因此有很大的风险。为了确保项目成本必盈不亏，成本控制不仅是必要的，而且必须做好。

项目成本控制的目的，在于降低项目成本，提高经济效益。然而项目成本的降低，除了控制成本支出以外，还必须增加工程预算收入。因为，只有在增加收入的同时节约支出，才能提高项目成本的降低水平。

项目成本控制的重要性具体可表现为以下几个方面。

1. 监督工程收支，实现计划利润。在投标阶段分析的利润仅仅是理论计算而已，只有在实施过程中采取各种措施监督工程的收支，才能保证计划利润变为现实利润。

2. 做好盈亏预测，指导工程实施。根据单位成本增高和降低的情况，对各分部项目的成本增降情况进行计算，不断对工程的最终盈亏做出预测，指导工程实施。

3. 分析收支情况，调整资金流动。根据工程实施情况和成本增降的预测，对流动资金需要的数量和时间进行调整，使流动资金更符合实际，为筹集资金和偿还借贷做参考。

4. 积累资料，指导今后投标。成本控制为实施过程中的成本统计资料进行积累并分析单项工程的实际成本，用来验证原来投标计算的正确性。所有这些资料均是十分宝贵的，特别是对在该地区继续投标承包新工程的公司，有着十分重要的参考价值。

五、成本控制的原则

1. 全面控制原则

（1）项目成本的全员控制。项目成本的全员控制不是抽象概念，而是有系统的实质性内容，其中包括各部门、各单位的责任网络和班组经济核算等，防止成本控制出现人人有责而又人人不管的情况。

（2）项目成本的全过程控制。全过程控制是指在工程项目确定以后，自施工准备开始，经过工程施工，到竣工交付使用后的保修期结束，其中每一项经济业务，都要纳入成本控制的轨道。

2.动态控制原则

（1）项目施工是一次性行为，其成本控制应更重视事前控制和事中控制。

（2）在施工开始之前进行成本预测，确定成本目标，编制成本计划，制定或修订各种消耗定额和费用开支标准。

（3）施工阶段重在执行成本计划，落实降低成本措施，实行成本目标管理。

（4）成本控制随施工过程连续进行，与施工进度同步，不能时紧时松，更不能拖延。

（5）建立灵敏的成本信息反馈系统，使成本责任部门（人员）能及时获得信息，纠正不利成本偏差。

（6）制止不合理开支，把可能导致损失和浪费的因素消灭在萌芽状态。

（7）竣工阶段成本盈亏已成定局，主要进行整个项目的成本核算、分析、考评。

3.目标管理原则

目标管理是贯彻执行计划的一种方法，它把计划的方针、任务、目的和措施等逐一加以分解，提出进一步的具体要求，并分别落实到执行计划的部门、单位甚至个人。

4.责、权、利相结合原则

要使成本控制真正发挥及时有效的作用，必须严格按照经济责任制的要求，贯彻责、权、利相结合的原则。实践证明，只有责、权、利相结合的成本控制，才是名实相符的项目成本控制。

5.节约原则

（1）施工生产既是消耗资源、财物、人力的过程，也是创造财富、增加收入的过程，其成本控制也应坚持增收与节约相结合的原则。

（2）作为合同签约依据，编制工程预算时，应"以支定收"，保证预算收；在施工过程中，要"以收定支"，控制资源消耗和费用支出。

（3）每发生一笔成本费用，都要核查是否合理。

（4）经常性的成本核算时，要进行实际成本与预算收入的对比分析。

（5）抓住索赔时机，搞好索赔，合理力争甲方给予经济补偿。

（6）严格控制成本开支范围、费用开支标准和有关财务制度，对各项成本费用的支出进行限制和监督。

（7）提高工程项目的科学管理水平，优化施工方案，提高生产效率，节约人、财、物。

（8）采取预防成本失控的技术组织措施，制止可能发生的浪费。

（9）施工的质量、进度、安全都对工程成本有很大的影响，因而成本控制必须与质量控制、进度控制、安全控制等工作相结合、相协调，避免返工（修）损失，降低质量成本，减少并杜绝工程延期违约罚款、安全事故损失等费用支出的发生。

（10）坚持现场管理标准化，堵塞浪费的漏洞。

6. 开源与节流相结合原则

降低项目成本，需要一面增加收入，一面节约支出。因此，每发生一笔金额较大的成本费用，都要查一查有无与其相对应的预算收入，是否支大于收。

六、成本控制的要求

项目成本控制应满足下列要求。

1. 要按照计划成本目标值来控制生产要素的采购价格，并认真做好材料、设备进场数量和质量的检查、验收与保管。

2. 要控制生产要素的利用效率和消耗定额，如任务单管理、限额领料、验工报告审核等。同时要做好不可预见成本风险的分析和预控，包括编制相应的应急措施等。

3. 控制影响效率和消耗量的其他因素（如工程变更等）所引起的成本增加。

4. 把项目成本管理责任制度与对项目管理者的激励机制结合起来，以增强管理人员的成本意识和控制能力。

5. 承包人必须有一套健全的项目财务管理制度，按规定的权限和程序对项目资金的使用和费用的结算支付进行审核、审批，使其成为项目成本控制的一个重要手段。

七、成本控制的程序

成本发生和形成过程的动态性，决定了成本的过程控制必然是一个动态过程。根据成本过程控制的原则和内容，重点控制的是进行成本控制的管理行为是否符合要求，作为成本管理业绩体现的成本指标是否在预期范围之内，因此，要搞好成本的过程控制，就必须有标准化、规范化的过程控制程序。

1. 管理控制程序

管理的目的是确保每个岗位人员在成本管理过程中的管理行为是按事先确定的程序和方法进行的。从这个意义上讲，首先要明白企业建立的成本管理体系是否能对成本形成的过程进行有效的控制，其次是体系是否处在有效的运行状态。管理控制程序就是为规范施工项目成本的管理行为而制定的约束和激励机制，具体内容如下。

（1）建立施工项目成本管理体系的评审组织和评审程序

成本管理体系的建立不同于质量管理体系，质量管理体系反映的是企业的质量保证能力，由社会有关组织进行评审和认证；而成本管理体系的建立是企业自身生存发展的需要，没有社会组织来评审和认证。因此，企业必须建立施工项目成本管理体系的评审组织和评审程序，定期进行评审和总结，以便持续改进。

（2）建立施工项目成本管理体系的运行机制

施工项目成本管理体系的运行具有"变法"的性质，往往会遇到习惯势力的阻力和管理人员素质跟不上的影响，有一个逐步推行的渐进过程。一个企业的各分公司、项目部的运行质量往往是不平衡的，一般采用点面结合的做法，面上强制运行，点上总结经验，再指导面上的运行。因此，必须建立专门的常设组织，依照程序不间断地进行检查和评审。发现问题，总结经验，促进成本管理体系的保持和持续改进。

（3）目标考核，定期检查

管理程序文件应明确每个岗位人员在成本管理中的职责，确定每个岗位人员的管理行为，如应提供的报表、提供的时间和原始数据的质量要求等。

要把每个岗位人员是否按要求去行使职责作为一个目标来考核。为了方便检查，应将考核指标具体化，并设专人定期或不定期地检查。

根据检查的内容编制相应的检查表，由项目经理或其委托人检查后填写检查表。检查表要由专人负责整理归档。表 5-1 是检查施工员工作情况的检查表，仅供参考。

表 5-1 岗位工作检查表（施工员）

序号	检查内容	资料	完成情况	备注
1	月度用工计划			
2	月度材料需求计划			
3	月度工具及设备需求计划			
4	限额领料单			
5	其他			

检查人（签字）： 日期：

（4）制定对策，纠正偏差

对管理工作进行检查的目的，是保证管理工作按预定的程序和标准进行，从而保证施工项目成本管理能够达到预期的目的。因此，对检查中发现的问题，要及时进行分析，然后根据不同的情况，及时采取对策。

2.指标控制程序

项目的成本目标是进行成本管理的目的，能否达到预期的成本目标，是施工项目成本管理能否成功的关键。在成本管理过程中，对各岗位人员的成本管理行为进行控制，就是为了保证成本目标的实现。可见，项目的成本目标是衡量施工项目成本管理业绩的主要标志。项目成本目标控制程序如下。

（1）确定施工成本目标及月度成本目标

在工程开工之初，项目经理部应根据公司与项目签订的《项目承包合同》确定项目的成本管理目标以及工程进度计划，确定月度成本计划目标。

（2）搜集成本数据，监测成本形成过程

过程控制的目的就在于不断纠正成本形成过程中的偏差，保证成本项目的发生是在预定范围之内，因此，在施工过程中要定时搜集反映施工成本支出情况的数据，并将实际发生情况与目标计划进行对比，从而保证成本的整个形成过程在有效控制之下。

（3）分析偏差原因，制定对策

施工过程是一个多工种、多方位立体交叉作业的复杂活动，成本的发生和形成是很难按预定的理想目标进行的，因此，需要及时分析产生偏差的原因，分清是客观因素（如市场调价）还是人为因素（如管理失控），及时制定对策并予以纠正。

（4）用成本指标考核管理行为，用管理行为来保证成本指标

管理行为的控制程序和成本指标的控制程序是对施工项目成本进行过程控制的主要内容，这两个程序在实施过程中是相互交叉、相互制约又相互联系的。在对成本指标的控制过程中，一定要有标准规范的管理行为和管理业绩，并要把成本指标是否能够达到作为一个主要的标准。只有把成本指标的控制程序和管理行为的控制程序结合起来，才能保证成本管理工作有序、富有成效地进行下去。

第二节 建筑工程施工项目成本控制方案的实施

一、成本控制方案的实施内容

1. 工程投标阶段成本控制方案的实施内容

（1）根据工程概况和招标文件，联系建筑市场和竞争对手的情况，进行成本预测，提出投标决策意见。

（2）中标以后，应根据项目的建设规模，组建与之相适应的项目经理部，同时以"标书"为依据确定项目的成本目标，并下达给项目经理部。

2. 施工准备阶段成本控制方案的实施内容

（1）根据设计图纸和有关技术资料，对施工方法、施工顺序、作业组织形式、机械设备选型、技术组织措施等进行认真研究分析，并运用价值工程原理，制定出科学先进、经济合理的施工方案。

（2）根据企业下达的成本目标，以分部分项工程实物工程量为基础，联系劳动定额、材料消耗定额和技术组织措施的节约计划，在优化的施工方案指导下，编制明细的成本计划，并按照部门、施工队和班组的分工进行分解，作为部门、施工队和班组的责任成本落实下去，为今后的成本控制做好准备。

（3）间接费用预算的编制及落实。根据项目建设时间的长短和参加建设人数的多少，编制间接费用预算，并对上述预算进行明细分解，以项目经理部有关部门（或业务人员）责任成本的形式落实下去，为今后的成本控制和绩效考评提供依据。

3. 施工阶段成本控制方案的实施内容

（1）加强施工任务单和限额领料单的管理，特别要做好每一个分部分项工程完成后的

验收（包括实际工程量的验收和工作内容、工程质量、文明施工的验收），以及实耗人工、实耗材料的数量核对，以保证施工任务单和限额领料单的结算资料绝对正确，为成本控制提供真实可靠的数据。

（2）将施工任务单和限额领料单的结算资料与施工预算进行核对，计算分部分项工程的成本差异，分析差异产生的原因，并采取有效的纠偏措施。

（3）做好月度成本原始资料的收集和整理，正确计算月度成本，分析月度预算成本与实际成本的差异。对于一般的成本差异要在充分注意不利差异的基础上，认真分析有利差异产生的原因，以防对后续作业成本产生不利影响或因质量低劣而造成返工损失；对于盈亏比例异常的现象，则要特别重视，并在查明原因的基础上，采取果断措施，尽快加以纠正。

（4）在月度成本核算的基础上，实行责任成本核算。也就是利用原有会计核算的资料，重新按责任部门或责任者归集成本费用，每月结算一次，并与责任成本进行对比，由责任部门或责任者自行分析成本差异和产生差异的原因，自行采取措施纠正差异，为全面实现责任成本创造条件。

（5）经常检查对外经济合同的履约情况，为顺利施工提供物质保证。如遇拖期或质量不符合要求时，应根据合同规定向对方索赔；对缺乏履约能力的单位，要采取断然措施，立即中止合同，并另找可靠的合作单位，以免影响施工，造成经济损失。

（6）定期检查各责任部门和责任者的成本控制情况，检查成本控制责、权、利的落实情况（一般为每月一次）。发现成本差异偏高或偏低的情况，应会同责任部门或责任者分析产生差异的原因，并督促他们采取相应的对策来纠正差异；如有因责、权、利不到位而影响成本控制工作的情况，应针对责、权、利不到位的原因，调整有关各方的关系，落实责、权、利相结合的原则，使成本控制工作得以顺利进行。

4.竣工验收阶段成本控制方案的实施内容

（1）精心安排，干净利落地完成工程竣工扫尾工作，把竣工扫尾时间缩短到最低限度。

（2）重视竣工验收工作，顺利交付使用。在验收以前，要准备好验收所需要的各种书面资料（包括竣工图）送甲方备查；对验收中甲方提出的意见，应根据设计要求和合同内容认真处理，如果涉及费用，应请甲方签证，列入工程结算。

（3）及时办理工程结算。一般来说：

工程结算造价＝原施工图预算 ± 增减账

工程结算时，为防止遗漏，在办理工程结算以前，要求项目预算员和成本员进行一次认真全面的核对。

（4）在工程保修期间，应由项目经理指定保修工作的责任者，并责成保修责任者根据实际情况提出保修计划（包括费用计划），以此作为控制保修费用的依据。

二、成本控制方案的实施步骤

在确定了施工项目成本计划之后，必须定期进行施工成本计划值与实际值的比较，当实际值偏离计划值时，分析产生偏差的原因，采取适当的纠偏措施，以确保施工成本控制目标的实现。其实施步骤如下。

1. 比较

按照某种确定的方式将施工成本计划值与实际值逐项进行比较，以发现施工成本是否已超支。

2. 分析

在比较基础上，对比较的结果进行分析，以确定偏差的严重性及偏差产生的原因。这一步是施工成本控制工作的核心，其主要目的在于找出产生偏差的原因，从而采取有针对性的措施，减少或避免相同原因的再次发生或减少由此造成的损失。

3. 预测

根据项目实施情况估算整个项目完成时的施工成本，预测目的在于为决策提供支持。

4. 纠偏

当工程项目的实际施工成本出现了偏差时，应当根据工程的具体情况、偏差分析和预测的结果，采取适当的措施，以期达到使施工成本偏差尽可能小的目的。纠偏是施工成本控制中最具实质性的一步。只有通过纠偏，才能最终达到有效控制施工成本的目的。

5. 检查

检查是指对工程的进展进行跟踪和检查，及时了解工程进展状况以及纠偏措施的执行情况和效果，为今后的工作积累经验。

三、成本控制方案的实施方法

成本控制的方法很多，应该说只要在满足质量、工期、安全的前提下，能够达到成本控制目的的方法都是好方法。但是，各种方法都有一定的随机性，究竟在什么样的情况下，应该采取什么样的办法，这是由控制内容所确定的，因此，需要根据不同的情况，选择与之相适应的控制手段和控制方法。下面介绍几种常用的项目成本控制实施方法。

1. 以项目成本目标控制成本支出

在项目成本控制中，可根据项目经理部制定的成本目标控制成本支出，实行"以收定支"，或者叫"量入为出"，这是最有效的方法之一。具体的处理方法如下。

（1）人工费的控制

在企业与业主的合同签订后，应根据工程特点和施工范围确定劳务队伍。劳务分包队伍一般应通过招标投标方式确定。一般情况下，应按定额工日单价或平方米包干方式一次包死，尽量不留活口，以便管理。在施工过程中，必须严格按合同核定劳务分包费用，严格控制支出，并每月预结一次，发现超支现象应及时分析原因。同时，在施工过程中，要加强预控管理，防止合同外用工现象的发生。

（2）材料费的控制

对材料费的控制主要是通过控制消耗量和进场价格来进行的。

1）材料消耗量的控制

①对材料需用量计划的编制要进行适时性、完整性、准确性控制。在工程项目施工过程中，每月应根据施工进度计划，编制材料需用量计划。

计划的适时性是指材料需用量计划的提出和进场要适时。材料需用量计划至少应包括工程施工两个月的需用量，特殊材料的需用量计划更应提前提出。给采购供应留有充裕的市场调查和组织供应时间。材料需用量计划不应该只是提出一个总量，各项材料均应列出分时段需用数量。常用大宗材料的提前进场时段不应过长。材料进场储备时段过长，占用的仓储面积和占用的资金量就会增大，材料保管损耗也会增大，这无疑加大了材料成本。计划的完整性是指材料需用量计划的材料品种必须齐全，不能丢三落四。材料的型号、规格、性能、质量要求等要明确，避免临时采购和错误采购造成的损失。

计划的准确性是指材料需用量的计算要准确，绝不能粗估冒算。需用量计划应包括需用量和供应量。需用量是作为控制限额领料的依据，供应量是需用量加损耗，作为采购的依据。

②材料领用控制。材料领用控制是通过实行限额领料制度来控制的。这里有两道控制，一是工长给班组签发领料单的控制；二是材料发放对工长签发的领料单的控制。超计划领料必须检查原因，经项目经理或授权代理人认可方可发料。

③材料计量控制。混凝土、砂浆的配制计量不准，必定造成水泥超用。利用长度的材料，如钢筋、型钢、钢管等若超标准，重量必定超用。因此，计量器具要按期检验、校正，必须接受控制；计量过程必须接受控制，计量方法必须全面准确并接受控制。

④工序施工质量控制。工程施工前道工序的施工质量往往影响后道工序的材料消耗量。土石方的超挖，必定增加支护或回填的工程量模板的正偏差和变形必定增加混凝土的用量，因此必须接受控制，以分清成本责任。从每个工序的施工来讲，则应时时接受控制，一次合格，避免返修而增加材料消耗。

2）材料进场价格的控制

材料进场价格控制的依据是工程投标时的报价和市场信息。材料的采购价加运杂费构成的材料进场价应尽量控制在工程投标时的报价以内。由于市场价格是动态的，企业的材料管理部门应利用现代化信息手段，广泛收集材料价格信息，定期发布当期材料最高限价和材料价格趋势，控制项目材料采购和提供采购参考信息。项目部也应逐步提高信息采集能力，优化采购。

（3）施工机械使用费的控制

凡是在确定成本目标时单独列出租赁的机械，在控制时也应按使用数量、使用时间、使用单价逐项进行控制。小型机械及电动工具购置及修理费采取由劳务队包干使用的方法进行控制，包干费应低于成本目标的要求。

（4）构件加工费和分包工程费的控制

在市场经济体制下，钢门窗、木制成品、混凝土构件、金属构件和成型钢筋的加工，以及打桩、土方、吊装、安装、装饰和其他专项工程（如屋面防水等）的分包，都要通过经济合同来明确双方的权利和义务。在签订这些经济合同的时候，特别要坚持"以施工图预算控制合同金额"的原则，绝不允许合同金额超过施工图预算。

根据部分工程的历史资料综合测算，上述各种合同金额的总和占全部工程造价的55%~70%。由此可见，将构件加工和分包工程的合同金额控制在施工图预算以内，是十分重要的。如果能做到这一点，实现预期的成本目标，就有了相当大的把握。

2. 以施工方案控制资源消耗

资源消耗数量的货币表现大部分是成本费用。因此，资源消耗的减少，就等于成本费用的节约，控制了资源消耗，就等于控制了成本费用。

以施工方案控制资源消耗的实施步骤和方法如下。

（1）在工程项目开工以前，根据施工图纸和工程现场的实际情况，制定施工方案，包括人力物资需用量计划、机具配置方案等，以此作为指导和管理施工的依据。在施工过程中，如需改变施工方法，则应及时调整施工方案。

（2）组织实施。施工方案是进行工程施工的指导性文件，但是，针对某一个项目而言，施工方案一经确定，则应是强制性的。有步骤、有条理地按施工方案组织施工，可以避免盲目性，可以合理配置人力和机械，可以有计划地组织物资进场，从而可以做到均衡施工，避免资源闲置或积压造成浪费。

（3）采用价值工程，优化施工方案。对同一工程项目施工，可以有不同的方案，选择最合理的方案是降低工程成本的有效途径。采用价值工程，可以解决施工方案优化的难题。

价值工程又称价值分析，是一门技术与经济相结合的现代化管理科学。应用价值工程，既要研究技术，又要研究经济，即研究在提高功能的同时不增加成本，或在降低成本的同时不影响功能，把提高功能和降低成本统一在最佳方案中。价值工程表现在施工方面，主要是寻找实现设计要求的最佳方案，如分析施工方法、流水作业、机械设备等有无不切实际的过高要求。利用价值工程得出的最优化的方案，也是对资源利用最合理的方案。采用这样的方案，必然会降低损耗、降低成本。

四、基于 BIM 的工程造价大数据下的施工项目成本控制

（一）应用 BIM 技术进行成本控制的必要性分析

在建筑工程中，通过 BIM 技术的实践应用，能够构建出一个信息化模型，实现对各种建筑信息的有效收集，之后通过三维效果进行还原，再借助相应的结构和算法对工程进

行合理化演算。BIM 技术具有了可视化的特征，其最为突出的特点在于脱离了二维图纸，成为三维的立体化结构，从而使相关工作人员能够更加清晰、明确地了解建筑信息。此外，BIM 技术还能实现对建筑工程各方面工作的有效协调，及时解决工程建设中出现的问题，为工作人员的决策制定提供参考和借鉴。

在以往施工成本控制工作中，由于相关工作人员缺乏对数据管理规划和信息共享的重视，同时也未能对数据进行定期更新，从而直接导致建筑成本增加的问题。为此，在今后的工程建设过程中，相关部门和人员一定要对成本进行合理规划。通过信息数据的有效收集，实现对项目支出的有效监督。通过 BIM 技术在工程施工成本控制工作中的实践应用，更加清晰、明确地了解建筑信息，发现问题及时解决，以免为工程建设埋下安全隐患，节约成本，提升工程建设的经济效益。

（二）施工项目成本控制现状分析

1. 成本数据收集效率较低，在对成本数据进行收集过程中，经常都会通过累加估计的方式对成本构件进行预估，而实际的成本支出一般都是由分包商平分支出或者按阶段支出，同时也包括很多额外的成本支出，若要对这些预计成本进行统计，通常要进行专门的计算，或凭借实践经验进行计算，整体的工作效率较低。

2. 成本数据收集滞后，在项目工程施工过程中，与成本控制相关的数据越来越多，但就目前的工作现状来看，还很难实现对成本数据的有效管理和收集，且在施工过程中，也无法实现对完成实体工作所需的资源量的精准控制，不能妥善做好各种资源的协调管理和优化工作。

3. 对于施工企业而言，对于项目成本的概念，目前还基本停留在某个特定的节点，对于成本数据的应用还停留在简单层面，只是对其进行简单的分析和拆分，之后供其他部门或者人员进行应用。

4. 随着现代化科技的不断发展，很多施工企业在发展的过程中，都纷纷开始建立成本数据库，但随着市场的不断变化以及时间的不断推移，若不能对成本数据进行更新，则对于企业而言，成本数据也会失去其应有的参考价值，不能为企业成本控制工作提供借鉴。

（三）基于 BIM 的工程造价大数据下的施工项目成本控制

1. 控制直接费用

在对直接费用进行控制的过程中，需尽可能精准地预算市场价格走向，并尽量少的占用资金和资源，如此才能达到节约成本的目的。

（1）资源准备控制

结合 BIM 模型参数，借助工程造价的大数据，能够实现对工程资源消耗的精准分析，同时对施工节点、施工阶段所需要的机械设备、材料、人工等资源量进行汇总，之后通过工程造价大数据对资源价格市场走势进行计算，具体如钢材、人工、水泥等，根据工程建设进度，对资源进入施工现场的最佳时间进行确定。

（2）资源消耗管理

首先便是对单项工作的用工效率和数量进行确定，之后借助工程造价大数据，找出有可能会影响施工效率的因素，并对其进行重点控制，以免出现停工、返工等问题。实践过程中，材料控制是关键和要点，通过工程造价大数据，能够对各种材料的消耗量进行确定，完善材料限额领取制度，能够最大限度地减少浪费。机械设备的应用，可大幅度提高施工效率，通过大数据技术，可实现对施工现场机械设备的协调与优化。

（3）控制工程量变更

在工程施工过程中，导致工程变更的因素众多，具体如图纸错误、不可抗力因素等，从而也会对工程总价产生影响。在出现工程变更问题时，借助 BIM 技术，能够实现对模型参数的修改，之后通过工程造价大数据进行重新分析和计算，实现对变更方案进度、成本、资源消耗等的有效控制，对施工方案进行优化。

（4）控制结算

工程量核算，主要是指建设备方对已完成工程量的确认和计算。通过工程造价大数据和 BIM 技术，能够大幅度提高该工作效率，实现对任意部位的汇总和拆分。在项目投标阶段，借助工程造价大数据，还能够对建设单位的付款情况进行了解，强化风险控制。在资金管理工作中，通过工程造价大数据，还可对各个施工阶段的资金需求、应付款项、应收款项等进行计算，以确保资金的正常周转，对资金收支状况进行实时分析，节约成本，提升资金应用效率。

2. 间接费用控制

（1）施工方案优化

随着施工工作的不断发展，BIM 技术的应用也在同步更新，通过该技术的实践应用，能够对已完成工程实体和拟建实体进行模拟，在工程造价大数据的辅助之下，及时发现潜在问题，并在第一时间提出整改方案。此外，还能够对脚手架出场时间、材料进场时间、临时建筑物布置等进行调整。

（2）协调管理

借助 BIM 模型，还能帮助设计人员提前发现设计工作中存在的不足，明确施工控制难点、重点等，以免对后续的正常施工产生影响。

（3）明确施工内容

通过 BIM 技术的实践应用，能够使施工人员更加明确施工内容，同时也包括具体的施工标准、构件的尺寸等，结合工程造价大数据，明确施工质量瑕疵控制要点，为工程建设质量提供保障。此外，还能在第一时间发现施工图纸中不够规范的问题，及时修改。在工程交底环节，能够提前告知施工人员有可能会对施工质量产生影响的因素，使其明确施工要点和难点，提升工程建设质量。

（4）施工进度管理

借助 BIM 技术，可对工程建设模型进行构建，同时对施工现场的施工资料和资源配置进行深入分析，结合天气状况，对已完成工程所消耗的资源和时间进行确认，并同步提出整改建议，为工程建设活动的顺利开展和工程建设质量提供保障。

第三节 价值工程在建筑工程施工项目成本控制中的应用

一、价值工程的基本概念

1.价值

价值工程中的"价值"是指评价某一对象所具备的功能与实现它的耗费相比合理程度的尺度。这里的"对象"可以是产品，也可以是工艺、劳务等。对产品来说，价值公式可表示为：

$$V = \frac{F}{C}$$

式中：

V——价值；

F——功能；

C——成本。

价值工程中价值的大小取决于功能和成本。产品的价值高低表明产品合理有效利用资源的程度。产品价值高，其资源利用程度就高；反之，价值低的产品，其资源就未得到有效利用，就应设法改进和提高。

2.价值工程

价值工程是以功能分析为核心，使产品或作业达到适当的价值，即以最低的成本实现其必要功能的一项有组织的创造性活动。

价值工程包括以下几方面的含义。

（1）价值工程的性质属于一种"思想方法和管理技术"。

（2）价值工程的核心内容是对"功能与成本进行系统分析"和"不断创新"。

（3）价值工程的目的在于提高产品的"价值"。若把价值的定义结合起来，便应理解为旨在提高功能对成本的比值。

（4）价值工程通常是由多个领域协作而开展的活动。

二、价值工程在成本控制中的意义

在项目成本控制中应用价值工程，可以分析功能与成本的关系，提高项目的价值系数；同时，通过价值分析来发现并消除工程设计中的不必要功能，达到降低成本、降低投资的目的。具体的意义如下。

1.通过对工程设计进行分析的价值工程活动,可以更加明确建设单位的要求,更加熟悉设计要求、结构特点和项目所在地的自然地理条件,从而更利于施工方案的制定,更能得心应手地组织和控制项目施工。

2.通过价值工程活动,可以在保证质量的前提下,为用户节约投资,提高功能,降低寿命周期成本,从而赢得建设单位的信任,大大有利于甲乙双方关系的和谐与协作;同时,还能提高自身的社会知名度,增强市场竞争能力。

3.通过对工程设计进行分析的价值工程活动,还可以提高项目组织的素质,改善内部组织管理,降低不合理消耗等。

三、价值工程在项目成本控制中的应用步骤

结合价值工程活动,制定技术先进、经济合理的施工方案,实现项目成本控制。具体步骤如下。

1.通过价值工程活动,进行技术经济分析,确定最佳施工方法。

2.结合施工方法,进行材料使用的比选,在满足功能要求的前提下,通过代用、改变配合比、使用添加剂等方法降低材料消耗。

3.结合施工方法,进行机械设备选型,确定最合适的机械设备使用方案。例如,机械要选择功能最高的机械,模板要联系结构特点在组合钢模、大钢模、滑模等当中选择最合适的一种。

4.通过价值工程活动,结合项目的施工组织设计和所在地的自然地理条件,对降低材料的库存成本和运输成本进行分析,以确定最节约的材料采购和运输方案,以及合理的材料储备。

四、应用实例分析

在工程建设中,价值工程的应用是广泛的,现以某厂贮煤槽筒仓工程施工组织设计为例说明其具体应用。

某厂贮煤槽筒仓工程是我国目前最大的群体钢筋混凝土结构的贮煤仓之一,它是由3组24个直径11 m、壁厚200 mm的圆形薄壁连体筒仓组成的。其工程体积庞大,地质条件复杂,施工场地窄小,实物工程量多,工期长,结构复杂。设计储煤量为4.8万吨,预算造价近千万元。为保证施工质量,按期完成施工任务,施工单位决定在编制施工组织设计中开展价值工程活动。

1.对象选择

该工程主体由三部分组成:地下基础、地表至16 m为框架结构并安装钢漏斗,16 m以上为底环梁和筒仓。施工单位对这三部分主体工程分别就施工时间、实物工程量、施工

机具占用、施工难度和人工占用等指标进行测算，结果表明筒仓工程在各指标中均占首位，如表 5-2 所示。

表 5-2 某筒仓工程各项指标测算

指标 工程名称	地下基础	框架结构、钢漏斗	底环梁、筒仓
施工时间	15	25	60
实物工程量	12	34	54
施工机具占用	11	33	56
人工占用	17	29	54
施工难度	5	16	79

能否如期完成施工任务的关键，在于能否正确处理筒仓工程面临的问题，能否选择符合本企业技术经济条件的施工方法。总之，筒仓工程是整个工程的主要矛盾，必须全力解决。价值工程人员决定以筒仓工程为研究对象，应用价值工程优化筒仓工程施工组织设计。

2. 功能分析

在对筒仓工程进行功能分析时，第一步工作是进行功能定义。筒仓的基本功能是提供储煤空间，其辅助功能主要为方便使用和外形美观。

功能分析的第二步工作是进行功能整理。在筒仓工程功能定义的基础上，根据筒仓工程内在的逻辑联系，采取剔除、合并、简化等措施对功能定义进行整理，绘制出筒仓工程功能系统图。

3. 功能评价和方案创造

根据功能系统图可以看出，施工对象是混凝土筒仓仓体。在施工阶段应用价值工程与设计阶段不同，其重点不在于考虑如何实现形成储煤空间这个功能，而在于考虑怎样实现设计人员已设计出的圆形筒仓。也就是说，采用什么样的施工方法和技术组织措施来保质保量地浇灌混凝土筒仓仓体，是应用价值工程编制施工组织设计中所要解决的中心课题。

为此，价值工程人员同广大工程技术人员、经营管理人员和施工人员一起，积极思考，大胆设想，广泛调查，借鉴国内外成功的施工经验，提出了大量方案。最后根据既要质量好、速度快，又要企业获得可观经济效益的原则，初步遴选出滑模、翻模、大模板施工方案和合同外包方案作技术经济评价。

4. 翻模施工方案的进一步优化

与其他施工方案比较，虽然翻模施工方案较优，但它本身也存在一些问题，仍需改进。价值工程人员针对翻模施工方案存在的多工种、多人员作业和总体施工时间长的问题，运用价值工程进一步进行优化。

经过考察，水平运输和垂直运输使大量人工耗用在无效益的搬运上。为减少人工耗费而提高工效，进而保证工期，价值工程人员可依据的提高价值的途径有：

（1）成本不增加，人员减少。

（2）成本略有增加，人员减少而工效大大提高。

（3）成本减少，人员总数不变而提高工效。

根据以上途径相应提出三个施工方案。

方案Ⅰ：单纯缩减人员。

方案Ⅱ：变更施工方案为单组流水作业。

方案Ⅲ：采用双组流水作业。

价值工程人员对以上三种方案运用给分定量法进行评价，方案Ⅲ为最优方案，即采用翻模施工方法双组流水作业，在工艺上采用二层半模板二层角架施工。

6. 效果总评

通过运用价值工程，使该工程施工方案逐步完善，施工进度按计划完成，产值大幅度增加，利润大幅度提高，工程质量好，被评为全优工程。从降低成本方面看，筒仓工程实际成本为 577.2 万元，与原滑模施工方案相比节约 133.6 万元，比大模板施工方案节约 83.5 万元，比合同外包方案节约 172.8 万多元。与翻模施工方案原定预算成本相比，降低 53.1 万元，降低率为 8.4%；与成本目标相比，降低 52.8 万元，降低率为 8.3%，成效显著。

第六章 建筑工程施工项目风险管理的过程

建筑工程施工项目的风险是一个系统过程，主要包括风险规划、风险识别、风险分析与评估、风险应对、风险监控等环节。风险管理的每个过程都有其相应的内涵，通过各个环节的实施能够达到一定的目的，同样，建筑工程施工项目风险管理的每个过程都有其相应的实施方法。只有对每个环节进行详细的研究，才能够做好建筑工程施工项目的风险管理。本章对施工项目风险管理过程展开综合讲述。

第一节 建筑工程施工的风险规划

一、风险规划的内涵

规划是一项重要的管理职能，组织中的各项活动几乎都离不开规划，规划工作的质量也集中体现了一个组织管理水平的高低。掌握必要的规划工作方法与技能，是建设项目风险管理人员的必备技能，也是提高建筑工程施工项目风险管理效能的基本保证。

建筑工程施工项目风险规划，是在工程项目正式启动前或启动初期，对项目、项目风险的一个统筹考虑、系统规划和顶层设计的过程，开展建筑工程施工项目风险规划是进行建筑工程施工项目风险管理为基本要求，也是进行建筑工程施工项目风险管理的首要职能。

建筑工程施工项目风险规划是规划和设计如何进行项目风险管理的动态创造性过程，该过程主要包括定义项目组织及成员风险管理的行动方案与方式，选择适合的风险管理方法，确定风险判断的依据等，用于对风险管理活动的计划和实践形式进行决策，它的结果将是整个项目风险管理的战略性和全寿命周期的指导性纲领。在进行风险规划时，主要应考虑的因素有项目图表、风险管理策略、预定义的角色和职责、雇主的风险容忍度、风险管理模板和工作分解结构 WBS 等。

二、风险规划的目的与任务

（一）风险规划的目的

风险规划是一个迭代过程，包括评估、控制、监控和记录项目风险的各种活动，其结果就是风险管理规划。通过制定风险规划，实现下列目的：

1. 尽可能消除风险；

2. 隔离风险并使之尽量降低；

3. 制定若干备选行动方案；

4. 建立时间和经费储备以应付不可避免的风险。

风险管理规划的目的，简单地说，就是强化有组织、有目的的风险管理思路和途径，以预防、减轻、遏制或消除不良事件的发生及产生的影响。

（二）风险规划的任务

风险规划是指确定一套系统全面、有机配合、协调一致的策略和方法并将其形成文件的过程。这套策略和方法用于辨识和跟踪风险区，拟订风险缓解方案，进行持续的风险评估，从而确定风险变化情况并配置充足的资源。

风险规划阶段主要考虑的问题有：

1. 风险管理策略是否正确、可行；

2. 实施的管理策略和手段是否符合总目标。

三、风险规划的内容

风险规划的主要内容包括：确定风险管理使用的方法工具和数据资源；明确风险管理活动中领导者、支持者及参与者的角色定位、任务分工及其各自的责任、能力要求；界定项目生命周期中风险管理过程的各运行阶段及过程评价、控制和变更的周期或频率；定义并说明风险评估和风险量化的类型级别；明确定义由谁以何种方式采取风险应对行动；规定风险管理各过程中应汇报或沟通的内容、范围、渠道及方式；规定如何以文档的方式记录项目实施过程中风险及风险管理的过程，风险管理文档可有效用于对当前项目的管理、监控、经验教训的总结及日后项目的指导等。

一般来讲，项目组在经过论证分析制定风险管理规划时，主要包括如下内容。

1. 风险管理目标。围绕实现项目总目标，提出本项目的风险管理目标。

2. 风险管理组织。成立风险管理团队，确定专人进行风险管理。

3. 风险管理计划。根据风险等级和风险类别，制定相应的风险管理方案。

4. 风险管理方法。明确风险管理各阶段采取的管理方法，如识别阶段采用专家打分法和头脑风暴法，量化阶段采用统一打分标度，评价计算采用层次分析法，应对措施具体情况具体对待，重要里程碑进行重新评估等。

5. 风险管理要求。实行目标管理负责制，制定风险管理奖励机制，制定风险管理日常制度等。

四、风险规划的主要方法

（一）会议分析法

风险规划的主要工具是召开风险规划会议，参加人包括项目经理和负责项目风险管理的团队成员，通过风险管理规划会议，确定实施风险管理活动的总体计划，确定风险管理的方法、工具、报告、跟踪形式以及具体的时间计划等，会议的结果是制订一套项目风险管理计划。有效的风险管理规划有助于建立科学的风险管理机制。

（二）WBS 法

工作分解结构图（WBS，Work Breakdown Structure）是将项目按照其内在结构或实施过程的顺序进行逐层分解而形成的结构示意图，它可以将项目分解到相对独立的、内容单一的、易于成本核算与检查的工作单元，并能把各工作单元在项目中的地位与构成直观地表示出来。

1.WBS 单元级别概述

WBS 单元是指构成分解结构的每一独立组成部分。WBS 单元应按所处的层次划分级别，从顶层开始，依次为 1 级、2 级、3 级，一般可分为 6 级或更多级别。工作分解既可按项目的内在结构，也可按项目的实施顺序。同时，由于项目本身复杂程度、规模大小也各不相同，从而形成了 WBS 的不同层次。

在实际的项目分解中，有时层次较少，有时层次较多，不同类型的项目会有不同的项目分解结构图。

2. 建筑工程施工项目中的 WBS 技术应用

WBS 是实施项目、创造最终产品或服务所必须进行的全部活动的一张清单，是进度计划、人员分配、预算计划的基础，是对项目风险实施系统工程管理的有效工具。WBS在建设项目风险规划中的应用主要体现在以下两个方面：

（1）将风险规划工作看成一个项目，用 WBS 把风险规划工作细化到工作单元；

（2）针对风险规划工作的各项工作单元分配人员、预算、资源等。

运用 WBS 对风险规划工作进行分解时，一般应遵循以下步骤。

（1）根据建设项目的规模及其复杂程度以及决策者对于风险规划的要求确定工作分解的详细程度。如果分解过粗，可能难以体现规划内容；分解过细，会增加规划制定的工作量。因此，在工作分解时要考虑下列因素。

1）分解对象。若分解的是大而复杂的建设项目风险规划工作，则可分层次分解，对于最高层次的分解可粗略，再逐级往下，层次越低，可越详细；若需分解的是相对小而简单的建设项目风险规划工作，则可简略一些。

2）使用者。对于项目经理分解不必过细，只需要让他们从总体上掌握和控制规划即可；对于规划的执行者，则应分解得较细。

3）编制者。编制者对建设项目风险管理的专业知识、信息、经验掌握得越多，则越可能使规划的编制粗细程度符合实际的要求；反之则有可能失当。

（2）根据工作分解的详细程度，将风险规划工作进行分解，直至确定的、相对独立的工作单元。

（3）根据收集的信息，对于每一个工作单元，尽可能详细地说明其性质、特点、工作内容、资源输出（人、财、物等），进行成本和时间估算，并确定负责人及相应的组织机构。

（4）责任者对该工作单元的预算、时间进度、资源需求、人员分配等进行复核，并形成初步文件上报上级机关或管理人员。

（5）逐级汇总以上信息并明确各工作单元实施的先后次序，即逻辑关系。

（6）形成风险规划的工作分解结构图，用以指导风险规划的制定。

第二节 建筑工程施工的风险识别

一、风险识别的内涵

建筑工程施工项目风险识别是对存在于项目中的各类风险源或不确定性因素，按其产生的背景、表现特征和预期后果进行界定和识别，对工程项目风险因素进行科学分类。简而言之，建筑工程施工项目风险识别就是确定何种风险事件可能影响项目，并将这些风险的特性整理成文档，进行合理分类。

建筑工程施工项目风险识别是风险管理的首要工作，也是风险管理工作中的重要阶段。由于项目的全寿命周期中均存在风险，因此，项目风险识别是一项贯穿于项目实施全过程的项目风险管理工作。它不是一次性的工作，而应是有规律地贯穿整个项目中，并基于项目全局考虑，避免静态化、局部化和短视化。

建设风险识别是项目管理者识别风险来源、确定风险发生条件、描述风险特征并评价风险影响的过程。通过风险识别，应该建立以下信息：

1. 存在的或潜在的风险因素；

2. 风险发生的后果，影响的大小和严重性；

3. 风险发生的概率；

4. 风险发生的可能时间；

5. 风险与本项目或其他项目及环境之间的相互影响。

建筑工程施工项目风险识别是一个系统的并且持续的过程，不是一个暂时的管理活动，因为项目发展会出现不同的阶段，不同阶段所遇到的外部情况和内部情况都不一样，因此风险因素也不会一成不变。开始进行的项目全面风险识别，过一阵后，识别出的风险会越来越小直至消失，但是新的建筑工程施工项目风险也许又会产生，所以，建筑工程施工项目风险识别过程必须连续且全程跟踪。

由此可见，建筑工程施工项目风险识别的内涵就可以总结如下。

（1）建筑工程施工项目风险识别的基本内容是分析确认项目中存在的风险，即感知风险。通过对建筑工程施工项目风险发生过程的全程监控得以掌握其发生规律，有效地识别出建筑工程施工项目中大概能够发生的风险，进一步知晓建筑工程施工项目实施过程中不同类型的风险问题出现的内在动因、外在条件和产生影响途径。

（2）建筑工程施工项目风险识别过程除了要探讨和挖掘出存在的风险以外，还得实时监控，识别出各种潜在的风险。

（3）因为建筑工程施工项目进展环境是不断变化的，并且不同阶段的风险也是逐渐发生改变的，建筑工程施工项目风险识别就是一种综合性的、全面性的，最重要的是持续性的工作。

（4）建筑工程施工项目风险识别位于项目风险管理全过程中的第一步，也是最基本最重要的一步，它的工作结果会直接影响到后续的风险管理工作，并最终影响整个风险管理工作。

二、风险识别的目的

建筑工程施工项目风险识别作为建筑工程施工项目风险管理的铺垫性环节。建筑工程施工项目风险管理工作者在搜集建筑工程施工项目资料并实施建筑工程施工项目现场调查分析以后，采用一系列的技术方法，全面、系统、有针对性地对建筑工程施工项目中可能存在的各种风险进行识别和归类，并理解和熟悉出各种建筑工程施工项目风险的产生原因，以及能够导致的损失程度。因此，建筑工程施工项目风险识别的目的包括三个方面。

1. 识别出建筑工程施工项目进展中可能存在的风险因素，以及明确风险产生的原因和条件，并据此衡量该风险对建筑工程施工项目的影响程度以及可能导致损失程度的大小。

2. 根据风险不同特点对所有建筑工程施工项目风险进行分类，并记录具体建筑工程施工项目风险的各方面特征，据此制定出最适当的风险应对措施。

3. 根据建筑工程施工项月风险可能引起的后果确定各风险的重要性程度，并制定出建筑工程施工项目风险级别来区别管理。

建筑工程施工项目风险多种多样，根据不同内部和外部环境不一样都会有多种多样的风险：动态的和静态的；有些真实存在，有些还在潜伏期。为此建筑工程施工项目风险识别必须有效地将建筑工程施工项目内部存在的以及外部存在的所有风险进行分类。建筑工程施工项目内部存在的风险主要是建筑工程施工项目风险管理者可以人为地去左右的风险，比如项目管理过程中的人员选择与配备以及项目消耗的成本费用一系列资金的估算等。外部存在的风险主要是不在建筑工程施工项目管理者能力范围之内的风险，比如建筑工程施工项目参与市场竞争产生的风险，以及项目施工时所处的自然环境不断变化造成的风险。

三、风险识别的依据

项目风险识别的主要依据包括风险管理计划、项目规划、历史资料、风险种类，制约因素与假设条件。

1. 风险管理计划

建筑工程施工项目风险管理计划是规划和设计如何进行建筑工程施工项目风险管理的过程，它定义了工程项目组织及成员风险管理的行动方案及方式，指导工程项目组织如何选择风险管理方法。建筑工程施工项目风险管理计划针对整个项目寿命周期制定如何组织和进行风险识别、风险估计、风险评价、风险应对及风险监控的规划。从建筑工程施工项目风险管理计划中可以确定：

（1）风险识别的范围；

（2）信息获取的渠道和方式；

（3）项目组成员在项目风险识别中的分工和责任分配；

（4）重点调查的项目相关方；

（5）项目组在识别风险过程中可以应用的方法及其规范；

（6）在风险管理过程中应该何时、由谁进行哪些风险重新识别；

（7）风险识别结果的形式、信息通报和处理程序。

因此，建筑工程施工项目风险管理计划是项目组进行风险识别的首要依据。

2. 项目规划

建筑工程施工项目规划中的项目目标、任务、范围、进度计划、费用计划、资源计划、采购计划及项目承包商、业主方和其他利益相关方对项目的期望值等都是项目风险识别的依据。

3. 历史资料

建筑工程施工项目风险识别的重要依据之一就是历史资料，即从本项目或其他相关项目的档案文件中、从公共信息渠道中获取对本项目有借鉴作用的风险信息。以前做过的、同本项目类似的项目及其经验教训对于识别本项目的风险非常有用。项目管理人员可以翻阅过去项目的档案，向曾参与该项目的有关各方征集有关资料，这些人手头保存的档案中常常有详细的记录，记载着一些事故的来龙去脉，这对本项目的风险识别极有帮助。

4. 风险种类

风险种类指那些可能对建筑工程施工项目产生正面或负面影响的风险源。一般的风险类型有技术风险、质量风险、过程风险、管理风险、组织风险、市场风险及法律法规变更等。项目的风险种类应能反映出建筑工程施工项目应用领域的特征，掌握了各风险种类的特征规律，也就掌握了风险辨识的钥匙。

5. 制约因素与假设条件

项目建议书、可行性研究报告、设计等项目计划和规划性文件一般都是在若干假设、前提条件下估计或预测出来的。这些前提和假设在项目实施期间可能成立,也可能不成立。因此,建筑工程施工项目的前提和假设之中隐藏着风险。建筑工程施工项目必然处于一定的环境之中,受到内外许多因素的制约,其中国家的法律、法规和规章等因素都是工程项目活动主体无法控制的,这些构成了工程项目的制约因素,都是工程项目管理人员所不能控制的,这些制约因素中隐藏着风险。为了明确项目计划和规划的前提、假设和限制,应当对工程项目的所有管理计划进行审查。例如:

(1)审查范围管理计划中的范围说明书能揭示出建筑工程施工项目的成本、进度目标是否定得太高,而审查其中的工作分解结构,可以发现以前未曾注意到的机会或威胁;

(2)审查人力资源与沟通管理计划中的人员安排计划,能够发现对项目的顺利进展有重大影响的那些人,可判断这些人员是否能够在建筑工程施工项目过程中发挥其应有的作用。这样就会发现该项目潜在的威胁;

(3)审查项目采购与合同管理计划中有关合同类型的规定和说明。不同形式的合同,规定了建筑工程施工项目各方承担不同的风险。外汇汇率对项目预算的影响,建筑工程施工项目相关方的各种改革、并购及战略调整给项目带来直接和间接的影响。

四、风险识别的特点

建筑工程施工项目风险识别具有如下一些特点。

1. 全员性。建筑工程施工项目风险的识别不只是项目经理或项目组个别人的工作,而是项目组全体成员参与并共同完成的任务。因为每个项目组成员的工作都会有风险,每个项目组成员都有各自的项目经历和项目风险管理经验。

2. 系统性。建筑工程施工项目风险无处不在、无时不有,决定了风险识别的系统性,即工程项目寿命周期的风险都属于风险识别的范围。

3. 动态性。风险识别并不是一次性的,在建筑工程施工项目计划、实施甚至收尾阶段都要进行风险识别。根据工程项目内部条件、外部环境以及项目范围的变化情况适时、定期进行工程项目风险识别是非常必要和重要的。因此,风险识别在工程项目开始、每个项目阶段中间、主要范围变更批准之前进行。它必须贯穿于工程项目全过程。

4. 信息性。风险识别需要做许多基础性工作,其中重要的一项工作是收集相关的项目信息。信息的全面性、及时性、准确性和动态性决定了建筑工程施工项目风险识别工作的质量和结果的可靠性和精确性,建筑工程施工项目风险识别具有信息依赖性。

5. 综合性。风险识别是一项综合性较强的工作,除了在人员参与、信息收集和范围上具有综合性特点外,风险识别的工具和技术也具有综合性,即风险识别过程中要综合应用各种风险识别的技术和工具。

五、风险识别的过程

建筑工程施工项目风险识别过程通常包括如下五个步骤。

1. 确定目标。不同建筑工程施工项目，偏重的目标可能各不相同。有的项目可能偏重于工期保障目标，有的则偏重于成本控制目标，有的偏重于安全目标，有的偏重于质量目标，不同项目管理目标对风险的识别自然也不完全相同。

2. 确定最重要的参与者。建筑项目管理涉及多个参与方，涉及众多类别管理者和作业者。风险识别是否全面、准确，需要来自不同岗位的人员参与。

3. 收集资料。除了对建筑工程施工项目的招投标文件等直接相关文件认真分析，还要对相关法律法规、地区人文民俗、社会及经济金融等相关信息进行收集和分析。

4. 估计项目风险形势。风险形势估计就是要明确项目的目标、战略、战术以及实现项目目标的手段和资源，以确定项目及其环境的变数。通过项目风险形势估计，确定和判断项目目标是否明确、是否具有可测性、是否具有现实性、有多大不确定性；分析保证项目目标实现的战略方针、战略步骤和战略方法；根据项目资源状况分析实现战略目标的战术方案存在多大的不确定性，彻底弄清项目有多少可用资源。通过项目风险形势估计，可对项目风险进行初步识别。

5. 根据直接或间接的征兆，将潜在项目风险识别出来。

六、风险分析的方法

1. 德尔菲法

这是一种起源很早的方法，德尔菲法是公司通过与专家建立的函询关系，进行多次征求意见，再多次反馈整合结果，最终将所有专家的意见趋于一致的方法。这样最终得到的结果便可作为最后风险识别的结果。这是美国兰德公司最先使用的一种有助于归总零散问题、减少偏倚摆动的一种专家能最终达成一致的有效方法。在操作德尔菲法时要注意以下三点。

（1）专家的征询函需要匿名，这是为了最大限度地保护专家的意见，减少公开发表带来的不必要麻烦。

（2）在整合统计时，要扬长避短。

（3）在意见进行交换时，要充分进行相互启发、集众所长，提高准确度。

2. 头脑风暴法

头脑风暴法（Brainstorning），是一种通过讨论、思想碰撞，产生新思想的方法，由美国人奥斯本于1939年首创，开始是广告设计人员互相讨论、启发的工作模式。头脑风暴法的特点是通过召集相关人员开会，鼓励与会人员充分展开想象，畅所欲言，杜绝一言堂，真正做到言者无罪，让与会者的思路充分拓展。会议时间不能太长，组织者要创造条件，不能给发表意见者施加压力，要使会议环境宽松，从而有利于新思想、新观点的产生。会议应遵循以下原则：

1. 禁止对与会人员的发言进行指责、非难；

2. 努力促进与会人员发言，随着发言的增加，获得的信息量就会增加、出现有价值的思想的概率就会增大；

3. 要特别重视那些离经叛道、不着边际、不被普通人接受的思想；

4. 将所收集到的思想观点进行汇总，把汇总后的意见及初步分析结果交予与会专家，从而激发新的思想；

5. 对专家意见要进行详细的分析、解读，要重视，但也要有组织自身的判断，不能盲从。

头脑风暴法强调瞬间思维带来的风险数量，而非要求质量。通过刺激思维活跃，使之不断产生新思想的技术。在头脑风暴法进行中无须讨论也不要批判，只需罗列所能想到的一切可能性。专家之间可以相互启发，吸纳新的信息，迸发新的想法，使大家形成共鸣，起到取长补短的效果。这样通过反复列举，使风险识别更全面，使结果更趋于科学化准确化。

3. 核对表法

要制定核对表，首先要搜集历史相关资料，根据以往经验教训，制定出涵盖较广泛的可做借鉴依据的表格。此表格包括的内容可以从项目的资金、成本、质量、工期、招标、合同等方面进行说明项目成败原因，还可以从项目技术手段、项目处于的环境、资源等方面进行分析。将当前有待风险管理的项目参考此表，再结合自身特点对其环境、资源、管理等方面进行对比，查缺补漏，找出风险因素。这种方法优点是识别迅速，要求技术含量低、方便，但其缺点是风险识别因素不全面，有局限性。

4. 现场考察法

风险管理人员能够识别大部分的潜在风险，但不是全部。只有深入施工阶段内部进行实地考察，收集相关的信息，才能准确而全面地发现风险。例如：到施工阶段考察，可以了解有关工程材料的保管情况；项目的实际进度如何，是否存在安全隐患以及项目的质量情况。

5. 财务报表分析法

通过对财务的资产负债表、损益表等相关财务报表分析得出现阶段企业财务情况，识别出工程项目存在的财务风险，判断出责任归属方及损失程度。此方法适用于确定特殊工程项目预计产生的损失，以及可以帮助分析出什么因素导致损失的。此方法经常被使用，优点突出，针对前期投资分析和施工阶段财务分析中极为适用。

6. 流程图法

流程图表示一个项目的工作流程，通常有各种流程图表示，不同种类流程图表达相互信息间关系不同，有的表示项目整体工作流程的称为系统流程图；有的表示项目施工阶段相互关联的流程图称为项目实施流程图；有的表示项间作业先后关系的流程图称为项目作业流程图。使用这种方法分析风险、识别风险简洁明了，结构清晰，并能捕捉动态风险因素。其优点在于此方法可以有效辨识风险所处的环节，以及多环节间的相互关系，连带影响到其他环节。运用该法，管理者会高效辨明风险潜在威胁。

4. 故障树分析法

1961 年，美国贝尔实验室提出故障树分析法（FTA，Fault Tree Analysis）。故障树分析法是定性分析项目可能发生的风险的过程，其主要工作原理是，由项目管理者确定将项目实施过程中最应杜绝发生的风险事故作为故障树分析的目标，这个目标可以是一个也可以是多个，称为顶端事件；再通过分析、讨论导致这些顶端事件发生的原因，这些原因事件称为中间事件；再进一步寻找导致这些中间事件发生的原因，仍称为中间事件，直至进一步寻找变得不再可行或者成本效益值太低为止，此时得到的最低水平事件称为原始事件。

故障树分析法遵循由结果找原因的原则，将项目风险可能结果由果及因，按树状逐级细化至原发事件，通过分析在前期预测和识别各种潜在风险因素的基础上，找到项目风险的因果关系，沿着风险产生的树状结构，运用逻辑推理的方法，求出发生风险的概率，提供风险因素的应对方案。

由于故障树分析法由上而下，由果及因，一果多因地构建项目风险管理的体系，在实践中通常采用符号及指向线段来构图表示，构成的图形与树一样，由高而低越分越多，故称故障树。

第三节 建筑工程施工的风险分析与评估

一、风险分析与评估的内涵

1. 风险分析的内涵

风险分析是以单个的风险因素为主要对象，具体阐述如下。

第一，基于对项目活动的时间、空间、地点等存在风险的确定，采用量化的方法进行风险因素识别，对风险实际发生的概率进行估算；第二，对风险后果进行估计之后，对各风险因素的大小及影响程度与顺序进行确定；第三，确认风险出现的时间与影响范围。

风险分析指的是通过各种量化指标形成风险清单，并帮助风险控制解决路线与解决方案得以明确的整个过程。主要是采用量化分析，并同时要对可能增加或减少的潜在风险进行充分考虑的方法确定个别风险因素及其影响，并实现对尺度和方法进行选定，以确定风险的后果。风险因素的发生概率估计分为主观估计与客观估计。一般主要是参考历史数据资料，而主观风险估计则主要以人的经验与判断力为依托。通常情况下，风险分析必须同步进行主观与客观风险估计。这时我们并不能完全了建设项目的进展情况，同时由于不断引入的新技术与新材料，加上建设项目进程的客观影响因素的复杂性，原有数据的更新不断加快，导致参考价值丧失。由此可见，针对一些特殊的情况，主观的风险估计的作用相对会更重要。

2. 风险评估的内涵

对各种风险事件的后果进行评估，并基于此对不同风险严重程度的顺序进行确定，这就是风险评估。在风险评估中，对各种风险因素对项目总体目标的影响的考虑与分析具有十分重要的意义，以此才能够使风险的应对措施得以确定，当然风险评估必然产生一定的费用，因此需要对风险成本效益进行综合考虑。在进行分析与评估时，管理人员应对决策者决策可能带来的所有影响进行细致的研究与分析，并自行对风险结果进行预测，然后与决策者决策进行比较，对决策者是否接受这些预测进行合理判断。由于风险的不同，其可接受程度与危害性必然也存在一定的差异，因此，一旦产生了风险，就必须对其性质进行详细分析，并采取应对措施。风险评估的方法主要分为两种，即定量评估与定性评估，在风险评估过程中，还应针对风险损失的防止、减少、转移以及消除制定初步方案，并在风险管理阶段对这些方案进行深入分析，选择最合理的方法。在实践中，风险识别、风险分析与风险评估具有十分密切的联系，通常情况下三者具有重叠性，其实施过程中需要交替反复。

3. 风险分析与评估之间的关系

风险分析主要用于对单一风险因素的衡量，并且是以风险评估为分析的基础。比如对风险发生的概率、影响的范围以及损失的大小进行估计，而多种风险因素对项目指标影响的分析则是属于风险评估。在风险管理过程中，风险分析与评估既有密切的联系，又有一定的区别。从某种意义上来讲是难以严格区分风险评估与风险分析的界限，因此在对某些方法的应用方面还是具有一定的互通性。

二、风险分析与评估的目的

风险分析与评估的作用是对单一风险因素发生的概率加以确定。为实现量化目的，会对主观或者客观方法加以应用：对各种可能的因素风险结果分析，对这些风险使项目目标受影响的程度进行研究；针对单一的风险因素进行量化分析，对多种风险因素对项目目标的综合影响进行分析与考虑，对风险程度进行评估，然后提出相应的措施以支持管理决策。

三、风险分析与评估的方法

1. 风险量化法

风险分析活动是基于风险事件所发生概率与概率分布而进行的。因此，风险分析首先就要确定风险事件概率与概率分布的情况。

风险量是指不确定的损失程度和损失本身所发生的概率。对于某个可能发生的风险，其所遭受的损失程度、概率与风险量成正比关系。可由以下的公式来表达风险量：

$R=F(O、P、L)$

式中 R 表示某个风险事件的发生对管理目标的影响程度；O 表示受该风险因素影响的风险后果集；P 表示风险结果的概率集；L 表示对风险的认识和感受，对风险的态度。以上三个因子也可用其他特征函数来进行表达，$O=f($ 信息可信度，技术水准，分析者的经验值等)，$P=f($ 信息可信度，信息来源，分析者的经验值等)，$L=f($ 主观因素，激励措施，风险背景，经验值等)。

最简单的风险量化方法就是风险结果乘以其相应的概率值，从而能够得到项目风险损失的期望值，这在数理统计学中被称为均值。然而在风险大小的度量中采用均值仍然存在一定的缺陷，该方法对风险结果之间的差异或离散缺乏考虑，因此，应对风险结果之间的离散程度问题进行充分考虑，这样风险度量方法才具有合理性。根据统计学理论可得知，可以由方差解决风险结果之间离散程度量化的问题。

2.LEC 法

在实际建筑工程施工项目风险管理的过程中，LEC 方法的应用具有十分重要的意义，其本质就是风险量公式的变形，是应用概率论的重要方法。该方法用风险事件发生的概率、人员处于危险环境中的频繁程度和事故的后果三个自变量相乘，得出的结果被用来衡量安全风险事件的大小。其中 L 表示事故发生的概率，E 表示人员暴露于危险环境中的频繁程度，C 表示事故后果，则风险大小 S 可用下式描述：

$S=L \times E \times C$

LEC 的方法对 L、E、C 等三个变量加以利用，因此称之为 LEC 方法。根据此方法来对危险源打分并分级，如此就实现了对建筑工程施工项目安全风险的详细分级，并且与实际情况相符合，也更容易进行安全风险排序，使大部分建筑工程施工项目安全风险管理的精细化管理要求得到满足。

3.CPM 法

在施工项目中，对进度风险属于管理风险，也是主要的控制风险之一。目前，施工项目进度风险管理中，建筑施工企业以编制 CPM 网络进度计划的方法为主。主要有三种表示方法，即双代号网络、单代号网络以及双代号时标网络。这三种表示方法的相同点是：项目中各项活动的持续时间具有单一性与确定性，主要依靠专家判断、类比估算以及参数估算来确定活动持续的时间；该技术主要沿着项目进度路线采用两种分析方法，即正向分析与反向分析，进而使理论上所有计划活动的最早开始时间与结束时间、最迟开始时间与结束时间得以计算。并制定相应的项目进度表，针对其中存在的风险采取相应的措施。

四、建筑工程项目风险与全面风险管理

（一）建筑工程项目管理风险问题

1. 缺乏完善的风险管理制度

在建筑工程项目管理过程中，缺乏完善的风险管理制度是导致风险的关键原因，若未制定管理制度规范管理工作，就不能为项目管理提供可靠保障，也无法全面进行管理。例如，有的企业没有设置内部风险管理机构，也没有专人进行管理，导致无法落实风险责任，从而影响到管理工作的开展。此外，有的管理人员在项目决策时，采取以往工作经验，而没有到现场进行实地考虑，造成盲目决策，使风险管理变得被动，提升了项目管理的风险率。

2. 人为风险因素

在项目进行管理的时候，人为风险因素是指项目计划风险、实施中的操作失误、技术风险等，这也是当前风险因素极高的关键原因。除此以外，施工人员技术水平较低也是导致风险的因素之一。

3. 合同管理风险

在建筑工程项目管理过程中，合同管理也是一个关键环节，为了降低合同风险，就要提高对合同管理的重视程度。但是，在实际开展过程中，合同管理意识淡薄是影响后续工程进度和经济的重要因素，甚至还会产生经济损失，或者延误工期等，造成无法预知的风险。

4. 信息系统风险

当前，部分企业未建立完善的风险信息系统，导致预防风险方面缺乏有效的支持。第一，由于信息风险系统创建较晚，在收集信息与积累方面经验较少，也不能为项目可行性投资分析提供保障。此外，在信息系统中，也没有纳入业主与合作商方面的信息，缺乏对信息的掌握程度，进而不能全面掌握其现状，也就不能在开展决策、投标等方面提供基础。

（二）建筑工程项目风险与全面风险管理的防治对策

1. 全面健全风险管理制度

为了确保整个建筑工程项目进度能够稳定持续的推进，需要立足全局，建立起科学、严谨的全面风险管控制度。通过合理的内部管理制度实施，可以强化对建筑企业员工的内部管理，使其实现更高效率的工作。通过健全的资料金管理制度，可以确保所建项目从设计到完工整个流程的资金周转得到保障，有效避免权钱交易、建筑原材料浪费等严重问题出现。通过科学的人员调配制度，可以实现对建筑企业管理人员、技术人员以及施工人员的合理调配，避免人力资源浪费的事情发生。此外，通过建筑企业内部再教育制度，定期完成技术人员以及施工人员的专业知识和职业道德的培训工作，可以有效提升他们的职业素养，为工程的高效、安全、高质量施工打下基础。施工期间，各个管理人员、技术人员

以及施工人员应严格遵循制度展开各项施工作业，完成对项目的全面风险管控工作。

2. 提高企业内部管理工作人员的风险意识

企业内部管理人员风险管理意识的强弱，会直接影响到整个建筑工程项目能否得到有序地推进，科学精确的风险管理对企业内部的项目管理和风险控制大有裨益。为实现对建筑工程项目当中可能存在的风险问题的有效规避，企业内部管理工作人员必须做好基础项目管理资料的收集以及政府政策的研究工作，对可能存在的风险问题进行研究和防范分析，将工程项目的风险影响控制在较小的范围内。与此同时，加强对内部管理工作人员的宣传教育，充分提升管理人员的风险管理理念。在长期发展进程当中，将更多的财务资源投入到项目风险管控当中，对不同的风险管理工作进行全面的协调，提升企业内部项目工程风险管理的工作全员参与度，并且制定出科学的风险防范对策和预期处理方案。

3. 完善风险管理系统

目前，在我国经济持续发展过程中，科技水平也在不断提高，信息技术在多方面都备受重视，建筑行业日常管理和安全生产也与信息技术具有密切的关系。所以，在企业内部实现完善管理系统的完善，对工程在建设过程中可能会遇到的风险进行及时预测，实现相应对策略的有效制定。在创建过程中要全面分析相应资料及文件，及时掌握建筑项目所在地的气候、地理、政府相应文件及材料价格，对工程项目管理过程中的风险实现总结和归纳，选择具有较高发生概率，对于项目管理具有较大影响及导致严重损失的风险因素，实现相应防范对策的制定，从而能够降低风险导致的危害。

4. 重视合同管理

建筑施工是一个极其复杂的行业，具有牵一发而动全身的效果，可以不夸张地说，建筑施工横跨了自然、社会、经济、法律、道德技术等各个领域，必须通过法律条文予以规范，更要通过合同等书面形式作为先行官来控制可能出现的风险，在实际操作中，运用法律手段来维护各方的权益，通过法律的硬性规定来约束诸多行为，重视法律在解决相关问题的强大作用，以防不利情况出现时束手无策。要针对建筑施工合同中常见的问题，在企业中建立有效的合同管理机构和部门，在合同管理的各个环节，要适时地进行补充修改，将企业的生产经营活动纳入法治化轨道。

5. 构建风险信息系统

工程项目风险管理过程中应当做好信息建设工作，通过该方式可以使企业在具体运行过程中管理效率能够得到进一步提高，可见，应当加强对信息系统建设的重视程度。例如，在项目工程管理过程中对大数据分析进行应用，通过该项技术，管理人员可以对整个项目在运行过程中，对过去发生的各项风险进行整合，从而掌握风险规律，采取相应的措施对风险进行处理，实现对项目的高效管理。

6. 增强技术监督管理

在建筑工程管理过程中，强化技术风险控制的关键就是做好技术监督管理工作。建立完善的管理框架，对技术管理制度职能与内容进行明确。此外，还可以建立不同部门，管理不同内容与职责。积极调动起施工人员积极性，定期进行技术培训，提升施工人员的专业素养。强化职能落实，明确不同部门的工作，提升工程质量，避免施工风险。除此以外，还可进行强制性管理措施，对施工人员职责进行明确，减少技术风险的发生率。

7. 明确职责

根据建筑工程项目风险管理过程中，风险划分为重大风险、较大风险、一般风险、低风险四个等级，对管理人员风险管理职责进行明确的划分，提高管理人员风险管理的积极性和主观能动性，同时建立明确的奖惩制度，奖励责任心强、风险控制得好的管理人员，对风险意识薄弱、工作不积极的管理人员加强培训，屡教不改者予以辞退，加大风险管理的力度，为建设工程项目风险管理打下坚实基础。

第四节 建筑工程施工风险的应对

一、风险应对的含义

风险应对就是对项目风险提出处置意见和办法。通过对项目风险识别、估计和评价，把项目风险发生的概率、损失严重程度以及其他因素综合起来考虑，就可得出项目发生各种风险的可能性及其危害度，再与公认的安全指标相比较，就可确定项目的危险等级，从而决定应采取什么样的措施以及控制措施应达到什么程度。

二、风险应对的过程

作为建筑工程施工项目风险管理的一个有机组成部分，风险应对也是一种系统过程活动。

1. 风险应对过程目标

当风险应对过程满足下列目标时，就说明它是充分的：（1）进一步提炼工程项目风险背景；（2）为预见到的风险做好准备；（3）确定风险管理的成本效益；（4）制定风险应对的有效策略；（5）系统地管理工程项目风险。

2. 风险应对过程活动

风险应对过程活动是指执行风险行动计划，以求将风险降至可接受程度所需完成的任务。一般有以下几项内容：（1）进一步确认风险影响；（2）制定风险应对策略措施；（3）研究风险应对技巧和工具；（4）执行风险行动计划；（5）提出风险防范和监控建议。

三、风险应对计划的编制

1.计划编制依据

风险应对计划的编制必须要充分考虑风险的严重性、应对风险所花费用的有效性、采取措施的适时性以及和建设项目环境的适应性等。一般来讲，针对某一风险通常先制定几个备选的应对策略，然后从中选择一个最优的方案，或者进行组合使用。建设项目风险应对计划编制的依据主要有以下几种。

（1）风险管理计划

风险管理计划是规划和设计如何进行建筑工程施工项目风险管理的文件。该文件详细说明风险识别、风险估计、风险评价和风险控制过程的所有方面以及风险管理方法、岗位划分和职责分工、风险管理费用预算等。

（2）风险清单及其排序

风险清单和风险排序是风险识别和风险估计的结果，记录了建筑工程施工项目大部分风险因素及其成因、风险事件发生的可能性、风险事件发生后对建筑工程施工项目的影响、风险重要性排序等。风险应对计划的制订不可能面面俱到，应该着重考虑重要的风险，而对于不重要的风险可以忽略。

（3）项目特性

建筑工程施工项目各方面特性决定风险应对计划的内容及其详细程度。如果该工程项目比较复杂，应用比较新的技术或面临非常严峻的外部环境，则需要制订详细的风险应对计划；如果工程项目不复杂，有相似的工程项目数据可供借鉴，则风险应对计划可以相对简略一些。

（4）主体抗风险能力

主体抗风险能力可概括为两方面：一是决策者对风险的态度及其承受风险的心理能力；另一个是建筑工程施工项目参与方承受风险的客观能力，如建设单位的财力、施工单位的管理水平等。主体抗风险能力直接影响工程项目风险应对措施的选择，相同的风险环境、不同的项目主体或不同的决策者有时会选择截然不同的风险应对措施。

（5）可供选择的风险应对措施

对于具体风险，有哪些应对措施可供选择以及如何根据风险特性、建筑工程施工项目特点及相关外部环境特征选择最有效的风险应对措施，是制订风险应对计划要做的非常重要的工作。

2.计划编制内容

建筑工程施工项目风险应对计划是在风险分析工作完成之后制订的详细计划。不同的项目，风险应对计划内容不同，但是，至少应当包含如下内容。

（1）所有风险来源的识别以及每一来源中的风险因素。

（2）关键风险的识别以及关于这些风险对于实现项目目标所产生的影响说明。

（3）对于已识别出的关键风险因素的评估，包括从风险估计中摘录出来的发生概率以及潜在的破坏力。

（4）已经考虑过的风险应对方案及其代价。

（5）建议的风险应对策略，包括解决每一风险的实施计划。

（6）各单独应对计划的总体综合，以及分析过风险耦合作用可能性之后制订出的其他风险应对计划。

（7）项目风险形势估计、风险管理计划和风险应对计划三者进行综合之后的总策略。

（8）实施应对策略所需资源的分配，包括关于费用、时间进度及技术考虑的说明。

（9）风险管理的组织及其责任，是指在建筑工程施工项目中确定的风险管理组织，以及负责实施风险应对策略的人员和职责。

（10）开始实施风险管理的日期、时间安排和关键的里程碑。

（11）成功的标准，即何时可以认为风险已被规避，以及待使用的监控办法。

（12）跟踪、决策以及反馈的时间，包括不断修改、更新需优先考虑的风险一览表计划和各自的结果。

（13）应急计划。应急计划就是预先计划好的，一旦风险事件发生就付诸实施的行动步骤和应急措施。

（14）对应急行动和应急措施提出的要求。

（15）建筑工程施工项目执行组织高层领导对风险规避计划的认同和签字。

风险应对计划是整个建筑工程施工项目管理计划的一部分，其实施并无特殊之处。按照计划取得所需的资源，实施时要满足计划中确定的目标，事先把工程项目不同部门之间在取得所需资源时可能发生的冲突寻找出来，任何与原计划不同的决策都要记录在案。落实风险应对计划，行动要坚决，如果在执行过程中发现工程项目风险水平上升或未像预期的那样降下来，则须重新制订计划。

四、风险应对的方法

（一）风险减轻

1. 风险减轻的内涵

风险减轻，又称风险缓解或风险缓和，是指将建筑工程施工项目风险的发生概率或后果降到某一可以接受的程度。风险减轻的具体方法和有效性在很大程度上依赖于风险是已知风险、可预测风险还是不可预测风险。

对于已知风险，风险管理者可以采取相应措施加以控制，可以动用项目现有资源降低风险的严重后果和风险发生的频率。例如，通过调整施工活动的逻辑关系，压缩关键路线上的工序持续时间或加班加点等来减轻建筑工程施工项目的进度风险。

可预测风险和不可预测风险是项目管理者很少或根本不能控制的风险，有必要采取迂回的策略，包括将可预测和不可预测风险变成已知风险，把将来风险"移"到现在来。例如，将地震区待建的高层建筑模型放到震台上进行强震模拟试验就可降低地震风险发生时的损失概率；为减少引进设备在运营时的风险，可以通过详细的考察论证、选派人员参加培训、精心安装、科学调试等来降低不确定性。

在实施风险减轻策略时，最好将建筑工程施工项目每一个具体"风险"都减轻到可接受水平。各具体风险水平降低了，建设项目整体风险水平在一定程度上也就降低了，项目成功的概率就会增加。

2. 风险减轻的方法

在制定风险减轻措施时必须依据风险特性，尽可能将建设项目风险降低到可接受水平，常见的途径有以下几种。

（1）减少风险发生的概率。通过各种措施降低风险发生的可能性，是风险减轻策略的重要途径，通常表现为一种事前行为。例如，施工管理人员通过加强安全教育和强化安全措施，减少事故发生的概率；承包商通过加强质量控制，降低工程质量不合格或由质量事故引起的工程返工的可能性。

（2）减少风险造成的损失

减少风险造成的损失是指在风险损失不可避免要发生的情况下，通过各种措施以遏制损失继续扩大或限制其扩展的范围。例如，当工程延期时，可以调整施工组织工序或增加工程所需资源进行赶工；当工程质量事故发生时，采取结构加固、局部补强等技术措施进行补救。

（3）分散风险

分散风险是指通过增加风险承担者来达到减轻总体风险压力为目的的措施，例如，联合体投标就是一种典型的分散风险的措施。该投标方式是针对大型工程，由多家实力雄厚的公司组成一个投标联合体，发挥各承包商的优势，增强整体的竞争力。如果投标失败，则造成的损失由联合体各成员共同承担；如有中标了，则在建设过程中的各项政治风险、经济风险、技术风险也同样由联合体共同承担，并且，由于各承包商的优势不同，很可能有些风险会被某承包商利用并转化为发展的机会。

（4）分离风险

分离风险是指将各风险单位分离间隔，避免发生连锁反应或相互牵连。例如，在施工过程中，将易燃材料分开存放，避免出现火灾时其他材料遭受损失的可能。

（二）风险预防

1. 风险预防的内涵

风险预防是指采取技术措施预防风险事件的发生，是一种主动的风险管理策略，常分为有形和无形两种手段。

2. 风险预防的方法

（1）有形手段

工程法是一种有形手段，是指在工程建设过程中，结合具体的工程特性采取一定的工程技术手段，避免潜在风险事件发生。例如，为了防止山区区段山体滑坡危害高速公路过往车辆和公路自身，可采用岩锚技术加固松动的山体，增加因开挖而破坏了的山体稳定性。

用工程法规避风险具体有下列多种措施。

1）防止风险因素出现

在建筑工程施工项目实施或开始活动前，采取必要的工程技术措施，避免风险因素的发生。例如，在基坑开挖的施工现场周围设置栅栏，洞口临边设防护栏或盖板，警戒行人或者车辆不要从此处通过，以防止发生安全事故。

2）消除已经存在的风险因素

施工现场若发现各种用电机械和设备日益增多，及时果断地换用大容量变压器就可以减少其烧毁的风险。

3）将风险因素同人、财、物在时间和空间上隔离

风险事件引起风险损失的原因在于某一时间内，人、财、物或者它们的组合在其破坏力作用的范围之内，因此，将人、财、物与风险源在空间上隔开，并避开风险发生的时间，这样可以有效地规避损失和伤亡。例如，移走动火作业附近的易燃物品，并安放灭火器，避免潜在的安全隐患发生。

工程法的特点：一是每种措施总与具体的工程技术设施相联系，因此，采用该方法规避风险成本较高；二是任何工程措施均是由人设计和实施的，人的素质在其中起决定作用；三是任何工程措施都有其局限性，并不是绝对的可靠或安全，因此，工程法要同其他措施结合起来利用，以达到最佳的规避风险效果。

（2）无形手段

无形手段包括教育法和程序法。

1）教育法

教育法是指通过对建筑工程施工项目人员广泛开展教育，提高参与者的风险意识，使其认识到工作中可能面临的风险，了解并掌握处置风险的方法和技术，从而避免未来潜在工程风险的发生。建筑工程施工项目风险管理的实践表明，项目管理人员和操作人员的行为不当是引起风险的重要因素之一，因此，要防止与不当行为有关的风险，就必须对有关人员进行风险和风险管理教育。教育内容应该包含有关安全、投资、城市规划、土地管理及其他方面的法规、规范、标准和操作规程、风险知识、安全技能等。

2）程序法

程序法是指通过具体的规章制度制定标准化的工作程序，对建筑工程施工项目活动进行规范化管理，尽可能避免风险发生和造成的损失。例如，我国长期坚持的基本建设程序，反映了固定资产投资活动的基本规律。实践表明，不按此程序办事，就会犯错误，就要造

成浪费和损失。所以要从战略上减轻建筑工程施工项目的风险，就必须遵循基本建设程序。再如，塔吊操作人员需持证上岗并严格按照操作规程进行工作。

预防策略还可在建筑工程施工项目的组成结构上下功夫，例如，增加可供选用的行动方案数目，为不能停顿的施工作业准备备用的施工设备等。此外，合理的设计项目组织形式也能有效预防风险，例如，项目发起单位在财力、经验、技术、管理，人力或其他资源方面无力完成项目时，可以同其他单位组成合营体，预防自身不能克服的风险。

使用预防策略时需要注意的是，在建筑工程施工项目的组成结构或组织中加入多余的部分，同时也增加了项目或项目组织的复杂性，提高了项目成本，进而增加了风险。

（三）风险转移

1.风险转移的内涵

风险转移，又称为合伙分担风险，是指在不降低风险水平的情况下，将风险转移至参与该项目的其他人或其他组织。风险转移是建设项目管理中广泛应用的风险应对方法，其目的不是降低风险发生的概率和减轻不利后果，而是通过合同或协议，在风险事故一旦发生时将损失的一部分转移到有能力承受或控制项目风险的个人或组织。

2.风险转移的方法

风险转移通常有两种途径。一种是保险转移，即借助第三方——保险公司来转移风险。该途径需要花费一定的费用将风险转移给保险公司，当风险发生时获得保险公司的补偿。同其他风险规避策略相比，工程保险转移风险效率是最高的。

第二种风险转移的途径是非保险转移，是通过转移方和被转移方签订协议进行风险转移的。建设项目风险常见的非保险转移包括出售、合同条款、担保和分包等方法。

（1）出售

该方法是指通过买卖契约将风险转移给其他单位，因此，卖方在出售项目所有权的同时也就把与之有关的风险转移给了买方。例如，项目可以通过发行股票或债券筹集资金。股票或债券的认购者在取得项目的一部分所有权时，也同时承担了一部分项目风险。

（2）合同条款

合同条款是建设项目风险管理实践中采用较多的风险转移方式之一。这种转移风险的实质是利用合同条件来开脱责任，在合同中列入开脱责任条款，要求对方在风险事故发生时，不要求自身承担责任。例如，在国际咨询工程师联合会的土木工程施工合同条件中专门有这样的规定："除非死亡或受伤是由于业主及其代理人或雇员的任何行为或过失造成的，业主对承包商或任何分包商雇佣的任何工人或其他人员损害赔偿或补偿支付不承担责……"这一条款的实质是将施工中的安全风险完全转移给了承包商。

（3）担保

担保是指为他人的债务违约或失误负间接责任的一种承诺。在建设项目管理上是指银行、保险公司或其他非银行金融机构为项目风险负间接责任的一种承诺。当然，为了取得这种承诺，承包商要付出一定的代价，但这种代价最终要由项目业主承担。在得到这种承诺后，当项目出现风险时就可以直接向提供担保的银行、保险公司或其他非金融机构获得。

目前，我国工程建设领域实施的担保内容主要包括：承包商需要提供的投标担保、履约担保、预付款担保和保修担保，业主需要提供的支付担保以及承包商和业主都应进一步向担保人提供的反担保。其中，支付担保是我国特有的一种担保形式，是针对当前业主拖欠工程款现象而设置的，当业主不履行支付义务时，则由保证人承担支付责任。

（4）分包

分包是指在工程建设过程中，从事工程总承包的单位将所承包的建设工程的一部分依法发包给具有相应资质的承包单位的行为，该总承包人并不退出承包关系，其与分包商就其所完成的工作成果向发包人承担连带责任。

建设工程分包是社会化大生产条件下专业化分工的必然结果，例如，我国三峡水利项目，投资规模巨大，包括土建工程、建筑安装工程、大型机电设备工程、大坝安全检测工程等许多专业工程。任何一家建筑公司都不可能独自承揽这么大的项目，因此有必要选择分包单位进行分包。

（四）风险回避

1. 风险回避的内涵

风险回避是指当建筑工程施工项目风险潜在威胁发生可能性太大，不利后果也太严重，又无其他策略可用时，主动放弃项目或改变工程项目目标与行动方案，从而规避风险的一种策略。

如果通过风险评价发现工程项目的实施将面临巨大的威胁，项目管理班子又没有别的办法控制风险，甚至保险公司亦认为风险太大，拒绝承保，这时就应该考虑放弃建筑工程施工项目的实施，避免巨大的人员伤亡和财产损失。

2. 风险回避的方法

回避风险是一种最彻底地消除风险影响的策略。风险回避采用终止法，是指通过放弃、中止或转让项目来回避潜在风险的发生。

（1）放弃项目

在建筑工程施工项目开始实施前，如果发现存在较大的潜在风险，且不能采用其他策略规避该风险时，则决策者就需要考虑放弃项目。例如，某大型建筑施工企业拟投标某国际工程，经调查研究发现，该工程所在国家政治风险过大，因此主动拒绝了该建设项目业主的招标邀请。

（2）中止项目

在建筑工程施工项目实施过程中，如果预见到自身无法承担的风险事件将发生，决策者就应立即停止该项目的实施。例如，在国际工程施工过程中，若发现该国出现频繁的罢工、动乱，社会治安越来越差的情况下，应立即停止在该国的施工项目，从而避免由此引起的人员和财产的损失。

（3）转让项目

当企业战略有重大调整或出现其他重大事件影响建筑工程施工项目实施时，单纯地放弃或中止项目会造成巨大损失，因此，需要考虑采取转让项目的方式规避损失。另外，不同的企业有不同的优势，对于自身是重大的风险可能对其他企业来说却不是，因此，在面临可能带来巨大损失的风险事件时，应考虑转让工程项目的策略。

（五）风险自留

1. 风险自留的内涵

风险自留是指建筑工程施工项目主体有意识地选择自己承担风险后果的一种风险应对策略。风险自留是一种风险财务技术，项目主体明知可能会发生风险，但在权衡了其他风险应对策略后，处于经济性和可行性考虑，仍将风险自留，若风险损失真的出现，则依靠项目主体自己的财力去弥补。

风险自留分主动风险自留和被动风险自留两种。主动风险自留是指在风险管理规划阶段已经对风险有了清楚的认识和准备，主动决定自己承担风险损失的行为。被动风险自留是指项目主体在没有充分识别风险及其损失，且没有考虑其他风险应对策略的条件下，不得不自己承担损失后果的风险应对方式。

2. 风险自留的方法

当项目主体决定采取风险自留后，需要对风险事件提前做一些准备，这些准备称为风险后备措施，主要包括费用、进度和技术三种措施。

（1）费用后备措施

费用后备措施主要是指预算应急费，是事先准备好用于补偿差错、疏漏及其他不确定性对建筑工程施工项目费用估计产生不精确影响的一笔资金。

预算应急费在建筑工程施工项目预算中要单独列出，不能分散到具体费用项目下，否则，建设项目管理班子就会失去对这笔费用的控制。另外，预算人员也不能由于心中无数而在各个具体费用项目下盲目地进行资金的预留，否则会导致预算估价过高而失去中标的机会或使不合理的预留以合法的名义白白花出去。

预算应急费一般分为实施应急费和经济应急费两种。实施应急费用于补偿估价和实施主程中的不确定性，可进一步分为估价质量应急费和调整应急费。估价质量应急费主要用于弥补建设项目目标不明确、工作分解结构不完全和不确切、估算人员缺乏经验和知识、估算和计算有误差等造成的影响；调整应急费主要用于支付调整期间的各项开支，如系统调试、更换零部件、零部件的组装和返工等。经济应急费用于对付通货膨胀和价格波动，分为价格保护应急费和涨价应急费。价格保护应急费用于补偿估算项目费用期间询价中隐藏的通货膨胀因素；涨价应急费是在通货膨胀严重或价格波动厉害时期，供应单位无法或不愿意为未来的订货报固定价时所预留的资金。价格保护应急费和涨价应急费需要一项一项地分别计算，不能作为一笔总金额加在建设项目估算上，因为各种不同货物的价格变化规律不同，不是所有的货物都会涨价。

（2）进度后备措施

对于建筑工程施工项目进度方面的不确定因素，项目各方一般不希望以延长时间的方式来解决。因此，项目管理班子就要设法制订一个较紧凑的进度计划，争取在项目各方要求完成的日期之前完成项目。从网络计划的观点来看，进度后备措施就是通过压缩关键路线各工序时间，以便设置一段时差或者浮动时间，即后备时差。

压缩关键路线各工序时间有两大类办法：减少工序（活动）时间或改变工序间的逻辑关系。一般来说，这两种方法都要增加资源的投入，甚至带来新的风险，因此，应用时需要仔细斟酌。

（3）技术后备措施

技术后备措施专门用于应付项目的技术风险，是一段预先准备好了的时间或资金。一般来说，技术后备措施用上的可能性很小，只有当不大可能发生的事件发生时，需要采取补救行动时，才动用技术后备措施。技术后备措施分两种情况：技术应急费和技术后备时间。

1）技术应急费。对于项目经理来说，最好在项目预算中打入足够的资金以备不时之需。但是，项目执行组织高层领导却不愿意为不大可能用得上的措施投入资金。由于采取补救行动的可能性不大，所以技术应急费应当以预计的补救行动费用与它发生的概率之积来计算。这时，项目经理就会遇到下面问题：如果项目始终不需要动用技术应急费，则项目经理手上就会多出这笔资金；但一旦发生技术风险，需要动用技术后备措施时，这笔资金又不够。

解决的方法是：技术应急费不列入项目预算而是单独提出来，放到公司管理备用金账上，由项目执行组织高层领导控制。同时公司管理备用金账上还有从其他项目提取出的各种风险基金，这就好像是各个项目向公司缴纳的保险费。这样的做法好处：一是公司领导高层可以由此全面了解全公司各项目班子总共承担了多大风险；二是一旦真出现了技术风险，公司高层领导很容易批准动用这笔从各项目集中上来的资金；三是可以避免技术应急费被挪作他用。

2）技术后备时间

为了应对技术风险造成的进度拖延，应该事先准备好一段备用时间。不过，确定备用时间要比确定技术应急费复杂。一般的做法是在进度计划中专设一个里程碑，提醒项目管理班子，此处应当留意技术风险。

（六）风险利用

1.风险利用的内涵

应对风险不仅只是回避、转移、预防、减轻风险，更高一个层次的应对措施是风险利用。

　　根据风险定义可知，风险是一种消极的、潜在的不利后果，同时也是一种获利的机会。也就是说，并不是所有类型的风险都带来损失，而是其中有些风险只要正确处置是可被利用并产生额外收益的，这就是所谓的风险利用。

　　风险利用仅对投机风险而言，原则上投机风险大部分有被利用的可能但并不是轻易就能取得成功，因为投机风险具有两面性，有时利大于弊，有时相反。风险利用就是促进风险向有利的方向发展。

　　当考虑是否利用某投机风险时，首先应分析该风险利用的可能性和利用的价值；其次，必须对利用该风险所需付出的代价进行分析，在此基础上客观地检查和评估自身承受风险的能力。如果得失相当或得不偿失，则没有承担的意义。或者效益虽然很大，但风险损失超过自己的承受能力，也不宜硬性承担。

　　2. 风险利用的策略

　　当决定采取风险利用策略后，风险管理人员应制定相应的具体措施和行动方案。既要充分利用、扩大战果的方案，又要考虑退却的部署，毕竟投机风险具有两面性。在实施期间，不可掉以轻心，应密切监控风险的变化，若出现问题，要及时采取转移或缓解等措施；若出现机遇，要当机立断，扩大战果。

　　另外，在风险利用过程中，需要量力而行。承担风险要有实力，而利用风险则对实力有更高的要求，而且还要有驾驭风险的能力，即要具有将风险转化为机会或利用风险创造机会的能力，这是由风险利用的目的所决定的。

第五节　建筑工程施工的风险监控

一、风险监控的含义

　　风险监控就是通过对风险规划、识别、估计、评价、应对等全过程的监视和控制，从而保证风险管理能达到预期的目标，它是建筑工程施工项目实施过程中的一项重要工作。监控风险实际上是监视工程项目的进展和项目环境，即工程项目情况的变化，其目的是：核对风险管理策略和措施的实际效果是否与预见的相同；寻找机会改善和细化风险规避计划，获取反馈信息，以便将来的决策更符合实际。

　　建筑工程施工项目风险监控是建立在工程项目风险的阶段性、渐进性和可控性基础之上的一种项目管理工作。在风险监控过程中，及时发现那些新出现的以及预先制定的策略或措施不见效或性质随着时间的推延而发生变化的风险，然后及时反馈，并根据对项目的影响程度，重新进行风险规划、识别，估计、评价和应对，同时还应对每一风险事件制定成败标准和判据。

二、风险监控的方法

通过项目风险监视，不但可以把握建筑工程施工项目风险的现状，而且还可以了解建筑工程施工项目风险应对措施的实施效果、有效性以及出现了哪些新的风险事件。在风险监视的基础上，则应针对发现的问题，及时采取措施。这些措施包括权变措施、纠正措施以及提出项目变更申请或建议等，并对工程项目风险重新进行评估，对风险应对计划作重新调整。

（一）权变措施

风险控制的权变措施（Workaround），即未事先计划或考虑到的应对风险的措施工程项目是一个开放性系统，建设环境较为复杂，有许多风险因素在风险计划时考虑不到的，或者对其没有充分的认识。因此，对其的应对措施可能会考虑不足，或者事先根本就没有考虑。而在风险监控时才发现了某些风险的严重性甚至是一些新的风险。若在风险监控中面对这种情况，就要求能随机应变，提出应急应对措施。对这些措施必须有效地做记录，并纳入项目和风险应对计划之中。

（二）纠正措施

纠正措施（Crrective Action）就是使建筑工程施工项目未来预计绩效与原定计划一致所做的变更。借助风险监视的方法，或发现被监视建筑工程施工项目风险的发展变化，或是否出现了新的风险。若监视结果显示，工程项目风险的变化在按预期发展，风险应对计划也在正常执行，这表明风险计划和应对措施均在有效地发挥作用。若一旦发现工程项目列入控制的风险在进一步发展或出现了新的风险，则应对项目风险作深入分析的评估，并在找出引发风险事件影响因素的基础上，及时采取纠正措施（包括实施应急计划和附加应急计划）。

（三）项目变更申请

项目变更请求（Change Requests）如提出改变建筑工程施工工程项目的范围、改变工程设计、改变实施方案、改变项目环境、改变工程费用和进度安排的申请。一般而言，如果频繁执行应急计划或权变措施，则需要对工程项目计划进行变更以应对项目风险。

在建筑工程项目施工阶段，在合同的环境下，项目变更，也称工程变更。无论是业主、监理单位、设计单位，还是承包商，认为原设计图纸、技术规范、施工条件、施工方案等方面不适应项目目标的实现，或可能会出现风险，均可向监理工程师提出变更要求或建议，但该申请或建议一般要求是书面的。工程变更申请书或建议书包括以下主要内容：变更的原因及依据；变更的内容及范围；变更引起的合同价的增加或减少；变更引起的合同期的提前或延长；为审查所必须提交的附图及其计算资料等。

对工程变更申请一般由监理工程师组织审查。监理工程师负责对工程变更申请书或建议书进行审查时，应与业主、设计单位、承包商充分协商，对变更项目的单价和总价进行估算，分析因变更引起的该项工程费用增加或减少的数额，以及分析工程变更实施后对控制项目的纯风险所产生的效果。工程变更一般应遵循的原则有：

1. 工程变更的必要性与合理性；

2. 变更后不降低工程的质量标准，不影响工程竣工验收后的运行与管理；

3. 工程变更在技术上必须可行、可靠；

4. 工程变更的费用及工期是经济合理的；

5. 工程变更尽可能不对后续施工在工期和施工条件上产生不良影响。

（四）风险应对计划更新

风险是一随机事件，可能发生，也可能不发生；风险发生后的损失可能不太严重，比预期的要小，也可能损失较严重，比预期的要大。通过风险监视和采取应对措施，可能会减少一些已识别风险的出现概率和后果。因此，在风险监控的基础上，有必要对项目的各种风险重新进行评估，将项目风险的次序重新进行排列，对风险的应对计划也进行相应更新，以使新的和重要风险能得到有效控制。

三、风险监控的过程

作为项目风险管理的一个有机组成部分，项目风险监控也是一种系统过程活动。

项目风险监督与控制中各具体步骤的内容与做法分别说明如下。

1. 建立项目风险事件监督与控制体制

这是指在建筑工程施工项目开始之前要根据项目风险识别和度量报告所给出的项目风险信息，制定出整个项目风险监督与控制的大政方针、项目风险监督与控制的程序以及项目风险监督与控制的管理体制。这包括项目风险责任制、项目风险信息报告制、项目风险控制决策制、项目风险控制的沟通程序等。

2. 确定要控制的具体项目风险

这一步是根据建筑工程施工项目风险识别与度量报告所列出的各种具体项目风险确定出对哪些项目风险进行监督和控制，对哪些项目风险采取容忍措施并放弃对它们的监督与控制。通常这需要按照具体项目风险和项目风险后果的严重程度，以及项目风险发生概率和项目组织的风险控制资源等情况确定。

3. 确定项目风险的监督与控制责任

这是分配和落实项目具体风险监督与控制责任的工作。所有需要监督与控制的项目风险都必须落实有具体负责监督与控制的人员，同时要规定他们所负的具体责任。对于项目风险控制工作必须要由专人负责，不能多人负责，也不能由不合适的人去担负风险事件监督与控制的责任，因为这些都会造成大量的时间与资金的浪费。

4. 确定项目风险监督与控制的行动时间

这是指对建筑工程施工项目风险的监督与控制要制订相应的时间计划和安排，计划和规定出解决项目风险问题的时间表与时间限制。因为没有时间安排与限制，多数项目风险问题是不能有效加以控制的。许多由于项目风险失控所造成的损失都是因为错过了项目风险监督与控制的时机而造成的，所以必须制订严格的项目风险控制时间计划。

5. 制定各具体项目风险的监督与控制方案

这一步由负责具体项目风险控制的人员，根据建筑工程施工项目风险的特性和时间计划制定出各具体项目风险的控制方案。在这一步骤中要找出能够控制项目风险的各种备选方案，然后要对方案作必要的可行性分析，以验证各项目风险控制备选方案的效果，最终选定要采用的风险控制方案或备用方案。另外还要针对风险的不同阶段制定不同阶段使用的风险控制方案。

6. 实施具体的项目风险监督与控制方案

这一步是要按照选定的具体建筑工程施工项目风险控制方案开展项目风险控制的，必须根据项目风险的发展与变化不断地修订项目风险控制方案与办法。对于某些项目风险而言，风险控制方案的制定与实施几乎是同时的。例如，设计制定一条新的关键路径并计划安排各种资源去防止和解决工程项目拖延问题的方案就是如此。

7. 跟踪具体项目风险的控制结果

这一步的目的是要收集风险事件控制工作的信息并给出反馈，即利用跟踪去确认所采取的项目风险控制活动是否有效，建筑工程施工项目风险的发展是否有新的变化等。这样就可以不断地提供反馈信息，从而指导项目风险控制方案的具体实施。这一步是与实施具体项目风险控制方案同步进行的。

通过跟踪给出项目风险控制工作信息，再根据这些信息去改进具体项目风险控制方案及其实施工作，直到对风险事件的控制完结为止。

8. 判断项目风险是否已经消除

如果认定某个项目风险已经解除，则该具体项目风险的控制作业就已经完成了。若判断该项目风险仍未解除，就需要重新进行项目风险识别。这需要重新使用项目风险识别的方法对项目具体活动的风险进行新一轮的识别，然后重新按本方法的全过程开展下一步的项目风险控制作业。

四、风险监控的方法

（一）净值分析法

净值分析法又称为赢得值法或费用偏差分析法。该方法是建筑工程施工项目实施中使用较多的一种方法，是对工程项目进度和费用进行综合控制的一种有效方法。

净值分析法的核心是将项目在任一时间的计划指标、完成状况和资源耗费综合度量。

将进度转化为货币或人工时，工程量如钢材吨数、水泥立方米，管道米数或文件页数。

净值分析法的价值在于将项目的进度和费用综合度量，从而能准确描述工程项目的进展状态。净值分析法的另一个重要优点是可以预测工程项目可能发生的工期滞后量和费用超支量，从而及时采取纠正措施，为建筑工程施工项目管理和控制提供了有效手段。

净值分析法的基本参数有三个。

（1）预算费用（BCWS，Budgeted Cost work Scheduled），计算公式为 BCWS= 计划工作量除预算定额。BCWS 主要是反映进度计划应当完成的工作量（用费用表示）。BCWS 是与时间相联系的，当考虑资金累计曲线时，是在项目预算 S 曲线上的某一点的值。当考虑某一项作业或某一时间段时，例如某一月份，BCWS 是该作业或该月份包含作业的预算费用。

（2）已完成工作量的实际费用（ACWP Actual Cost for Work Perfor-med）。ACWP 是指项目实施过程中某阶段实际完成的工作量所消耗的费用，主要反映项目执行的实际消耗指标。

（3）已完工作量的预算成本（BCWP Budgeted Cost for work Perform-ed），或称挣值、盈值和挣得值。BCWP 是指项目实施过程中某阶段按实际完成工作量及按预算定额计算出来的费用，即挣得值（Earned Value）。

BCWP 的计算公式为：BCWP= 已完工作量 × 预算定额。BCWP 的实质内容是将已完成的工作量用预算费用来度量。

差值 BCWP–ACWP 叫作费用偏差，BCWP–ACWP 大于 0 时，表示项目未超支；差值 BCWP–BCWS 叫作进度偏差，BCWP–BCWS 大于 0 时，表示项目进度提前。

（二）审核检查法

审核检查法是一种传统的控制方法，该方法可用于建筑工程施工项目的全过程，从项目建议书开始，直至项目结束。项目建议书、项目产品或服务的技术规格要求，项目的招标文件、设计文件、实施计划、必要的试验等都需要审核。审核时要查出错误、疏漏、不准确，前后矛盾、不一致之处。审核还会发现以前或他人未注意的或未考虑到的问题。审核多在项目进展到一定阶段时，以会议形式进行。

检查是在建筑工程施工项目实施过程中进行，检查是为了把各方面的反馈意见及时通知有关人员，一般以完成的工作成果为研究对象，包括项目的设计文件、实施计划、试验计划、试验结果、正在施工的工程、运到现场的材料、设备等。

（三）其他方法

1. 定期评估

风险等级和优先级可能会随着建筑工程施工项目寿命周期而发生变化，而风险的变化因此有必要进行新的评估和量化，因此，项目风险评估应该定期进行。

2. 技术度量

技术因素度量指的是在建筑工程施工项目执行过程中的技术完成情况与原定项目计划进度的差异。如果有偏差，比如没有达到某一阶段规定的要求，则可能意味着在完成项目预期目标上有一定风险。

3. 附加应对计划

如果该风险事先未曾预测到，或其后果比事先预期的严重，则事先计划好的应对措施可能不足以应对，因而需要重新研究应对措施。

4. 独立风险分析

采用专门的风险管理机构，该机构来自建设项目管理团队之外，可能对项目风险的评估更独立、更公正。

第七章 施工项目质量管理及控制

随着社会的发展，建筑行业的发展竞争逐渐激烈，目前设计施工方不但创建集多功能于一身的建筑设计，还注重提升工程质量，因此相关技术水平管理起来就变得更加重要。管理技术水平的提高能够增强工作效率，进而推动工程质量建设，这也是目前我国新形势下提高工程管理模式的客观实际需求。本章主要对施工项目质量管理和控制展开讲述。

第一节 施工项目质量管理及控制概述

一、施工项目质量及其管理和控制

1. 施工项目质量

施工项目质量是指反映施工项目满足相关规定和合同规定的要求，包括其在安全、使用功能、耐久性能、环境保护等方面所有明显和隐含能力的特性总和。也就是通过工程施工所形成的工程项目，其应满足用户从事生产、生活所需要的功能和使用要求，应符合国家有关法规、技术标准和合同规定。影响施工项目质量的因素有以下几方面。

（1）人的因素。人是质量活动的主体，人员的质量意识及技能对项目施工的质量有较大的影响。

（2）建筑材料、构件、配件的质量因素。施工项目的质量在很大程度上取决于建筑材料、构件、配件的质量，因此，要从采购、入库、储存等各环节来保证建筑材料、构件、配件的质量，以保证工程项目的施工质量。

（3）施工方案的影响。施工方案中包括技术、工艺、方法等施工手段的配置，如果施工技术落后、方法不当、机具有缺陷等都将影响项目的施工质量。施工方案中还包括施工程序、工艺顺序、施工流向、劳动组织等，通常的施工程序先准备后施工、先场外后场内、先地下后地上、先深后浅、先主体后装修、先土建后安装等，都应在施工方案中明确并编制相应的施工组织设计。这些都是对工程项目施工质量的重要影响因素。

（4）施工机械及模具。施工机械及模具选择不当、维修和使用不合理都会影响工程项目的施工质量。

（5）施工环境的影响。施工环境包括地质、水文、气候等自然环境和施工现场的照明、通风、安全卫生防疫等作业环境以及管理环境。这些环境的管理也会对施工项目质量产生相当的影响。

2. 施工项目质量管理

施工项目质量管理是在施工项目质量方面指挥和控制施工项目组织协调的活动。这里包括施工项目的质量目标制定、施工过程和施工必要资源的规定、施工项目施工各阶段的质量控制、施工项目质量的持续改进等。

二、施工项目质量控制

施工项目质量控制就是为了确保工程合同所规定的质量标准，所采用的一系列监控措施、手段和方法。工程项目的施工阶段是工程项目质量形成的最重要的阶段，而该阶段又由众多的技术活动按照科学的技术规律相互衔接而形成的。为了保证工程质量，这些技术活动必须在受控状态下进行。其目的在于监督整个工程的施工过程，排除各施工阶段、各环节由于异常性原因产生的质量问题。

1. 施工项目质量控制的基本要求

（1）施工单位应按相关标准建立自己的质量管理体系。实践证明，在建筑行业的企业采用了此标准已取得良好的效果。施工单位要控制施工项目的质量并按此标准建立自己的质量管理体系是必要的。

（2）通过项目施工过程中的信息反馈预见可能发生的重大工程质量问题，及时采取切实可行的措施加以防止，做到预防为主。

（3）明确控制重点：控制重点是通过分析后才能明确的。在工序控制中，一般是以关键工序和特殊工序为重点。控制点的设置主要是针对上述重点而言。

（4）重视控制效益：工程质量控制同其他产品质量控制一样，要付出一定的代价，投入和产出的比值是必须考虑的问题。对建筑工程来说，是通过控制其质量成本来实现的。

（5）系统地进行质量控制：系统地进行质量控制，它要求有计划地实施质量体系内各有关职能的协调和控制。

（6）制定控制程序：质量控制的基本程序是：按照质量方针和目标，制定工程质量控制措施并建立相应的控制标准；分阶段地进行监督检查，及时获得信息与标准相比较，做出工程合格性的判定；对于出现的工程质量问题，及时采取纠偏措施，保证项目预期目标的实现。

（7）坚持 P（计划）D（执行）C（检查）A（处理）循环的工作方法：为了做到施工项目质量的持续改进，要用 PDCA 的工作方法，PDCA 是不断地循环，每循环一次，就能解决一定的问题，实现一定的质量目标，使质量水平有所提高。

2. 施工项目质量影响因素的控制

为了保证施工项目质量，要对其影响因素进行控制。影响施工项目质量的因素，通常称为"4M1E"，即人（Man）、材料（Material）、机械（Machine）、方法（Method）、环境（Environment）。

（1）人的控制：控制的对象包括施工项目的管理者和操作者。人的控制内容包括组织机构的整体素质和每一个个体的技术水平、知识、能力、生理条件、心理行为、质量意识、组织纪律、职业道德等。其目的就是要做到合理用人，充分调动人的积极性、主动性和创造性。

人的控制的主要措施和途径如下。

1）以项目经理的管理目标和管理职责为中心，合理组建项目管理机构，配备称职的管理人员。

2）严格实行分包单位的资质审查，确保分包单位的整体素质，包括领导班子素质、职工队伍素质、技术素质和管理素质。

3）施工作业人员要做到持证上岗，特别是重要技术工种、特殊工种和危险作业等。

4）强化施工项目全体人员的质量意识，加强操作人员的职业教育和技术培训。

5）严格施工项目的施工管理各项制度，规范操作人员的作业技术活动和管理人员的管理活动行为。

6）完善奖励和处罚机制，充分发挥项目全体人员的最大工作潜能。

（2）材料的控制：材料控制包括对施工所需要的原材料、成品、半成品、构配件等的质量控制。加强材料的质量控制是提高施工项目质量的重要保证。材料质量控制包括以下几个环节。

1）材料的采购。施工所需要采购的材料应根据工程特点、施工合同、材料性能、施工具体要求等因素综合考虑，保证适时、适地、按质、按量、全套齐备的供应施工生产所需要的各种材料。为此，要选择符合采购要求的供方。建立有关采购制度，对采购人员要进行技术培训等。

2）材料的试验和检验。材料的试验和检验就是通过一系列的检测手段，将所取得的检测数据与材料标准及工艺规范相比较，借以判断其质量的可靠性及能否适用于施工过程之中。材料的检验方法有书面检验、外观检验、理化检验和无损检验。

3）材料的存储和使用。加强材料进场后的存储和使用管理，避免材料变质和使用规格、性能不符合要求的材料而造成质量事故，如水泥的受潮结块、钢筋的锈蚀等。

（3）机械设备的控制：机械设备的控制包括施工机械设备质量控制和工程项目设备的质量控制。

1）施工机械设备质量控制就是使施工机械设备的类型、性能参数等与施工现场的实际生产条件、施工工艺、技术要求等因素相匹配，符合施工生产的实际要求。要做好施工机械设备的质量控制，一是要按照技术上先进、生产上适用、经济上合理等原则选配施工生产机械设备，合理地组织施工。二是要正确使用、管理、保养和检修好施工机械设备，严格实行定人、定机、定岗位责任的使用管理制度，在使用中遵守机械设备的技术规定，做好机械设备的例行保养工作，包括清洁、润滑、调整、紧固和防腐工作，使机械设备经常保持良好的技术状态，以确保施工生产质量。

2）工程项目设备的质量控制主要包括设备的检查验收、设备的安装质量、设备的调试和试车运转。

要求按设备选型购置设备，优选设备供应厂家和专业供方，设备进场后，要对设备的名称、型号、规格、数量的清单逐一检查验收，确保工程项目设备的质量符合设计要求；设备安装要符合有关设备的技术要求和质量标准，安装过程中控制好土建和设备安装的交叉流水作业；设备调试要按照设计要求和程序进行，分析调试结果；试车运转正常，并能配套投产，满足项目的设计生产要求。

（4）施工方法的控制：施工方法的控制主要包括施工方案、施工工艺、施工组织设计、施工技术措施等方面的控制。对施工方法的控制，应着重抓好以下几个方面内容。

1）施工方案应随工程进展而不断细化和深化。

2）选择施工方案时，对主要项目要拟订几个可行方案，找出主要矛盾，明确各个方案的主要优缺点，通过反复论证和比较，选出最佳方案。

3）对主要项目、关键部位和难度较大的项目，如新结构、新材料、新工艺、大跨度、高大结构部位等，制订方案时要充分估计到可能发生的施工质量问题和处理方法。

（5）环境的控制。施工环境的控制主要包括自然环境、管理环境和劳动环境等。

1）自然环境的控制，主要是掌握施工现场水文、地质和气象资料信息，以便在编制施工方案、施工计划和措施时，能够从自然环境的特点和规律出发，制定地基与基础施工对策，防止地下水、地面水对施工的影响，保证周围建筑物及地下管线的安全；从实际条件出发做好冬雨季施工项目的安排和防范措施；加强环境保护和建设公害的治理。

2）管理环境的控制，主要是要按照承发包合同的要求，明确承包商和分包商的工作关系，建立现场施工组织系统运行机制及施工项目质量管理体系；正确处理好施工过程安排和施工质量形成的关系，使两者能够相互协调、相互促进、相互制约；做好与施工项目外部环境的协调，包括与邻近单位、居民及有关各方面的沟通、协调，以保证施工顺利进行，提高施工质量，创造良好的外部环境和氛围。

3）劳动环境的控制，主要是做好施工平面图的合理规划和布置，规范施工现场机械设备、材料、构件的各项管理工作，做好各种管线和大型临时设施的布置；落实施工现场各种安全防护措施，做好明显标识，保证施工道路的畅通，安排好特殊环境下施工作业的通风照明措施；加强施工作业现场的及时清理工作，保证施工作业面的有序和整洁。

前面是从影响施工项目质量的五个因素介绍了如何实施质量控制。由于施工阶段的质量控制是一个经由对投入资源和条件的质量控制（即施工项目的事前质量控制），进而对施工生产过程以及各环节质量进行控制（即施工项目的事中质量控制），直到对所完成的产出品的质量检验与控制（即施工项目的事后质量控制）为止的全过程的系统控制过程，所以，施工阶段的质量控制可以根据施工项目实体质量形成的不同阶段划分为事前控制、事中控制和事后控制。

第二节 项目施工过程的质量控制

一、施工项目质量控制的三个阶段

为了保证工程项目的施工质量，应对施工全过程进行质量控制。根据工程项目质量形成阶段的时间，施工项目的质量控制可分为事前控制、事中控制和事后控制三个阶段。

1. 施工项目的事前质量控制

施工项目的事前质量控制，其具体内容有以下几个方面。

（1）技术准备，包括图纸的熟悉和会审、对施工项目所在地的自然条件和技术经济条件的调查和分析，编制施工组织设计，编制施工图预算及施工预算，对工程中采用的新材料、新工艺、新结构、新技术的技术鉴定书的审核，技术交底等。

（2）物资准备，包括施工所需原材料的准备、构配件和制品的加工准备、施工机具准备、生产所需设备的准备等。

（3）组织准备，包括选聘委任施工项目经理、组建项目组织班子、分包单位资质审查、签订分包合同、编制并评审施工项目管理方案、集结施工队伍并对其培训教育、建立和完善施工项目质量管理体系、完善现场质量管理制度等。

（4）施工现场准备，包括控制网、水准点、标桩的测量工作；协助业主实施"三通一平"；临时设施的准备；组织施工机具、材料进场；拟订试验计划及贯彻"有见证试验管理制度"的措施；项目技术开发和进一步计划等。

2. 施工项目事中的质量控制

施工项目事中的质量控制是指施工过程中的质量控制。事中质量控制的措施包括：施工过程交接有检查、质量预控有对策、施工项目有方案、图纸会审有记录、技术措施有交底、配制材料有试验、隐蔽工程有验收、设计变更有手续；质量处理有复查、成品保护有措施、质量文件有档案等。此外，对完成的分部和分项工程按相应的质量评定标准和办法进行检查和验收、组织现场质量分析会，及时通报质量情况等。

施工项目事中的质量控制的实质就是在质量形成过程中如何建立和发挥作业人员和管理人员的自我约束以及相互制约的监督机制，使施工项目质量形成从分项、分部到单位工程自始至终都处于受控状态。总之，在事前控制的前提下，事中控制是保证施工项目质量一次交验合格的重要环节，没有良好的作业自控和监控能力，施工项目质量就难以得到保证。

3. 施工项目事后的质量控制

施工项目事后的质量控制是指完成施工过程，形成产品的质量控制。其具体内容有以下几个方面。

（1）按规定的质量评定标准和办法对已经完成的分部分项工程、单位工程进行检查、评定、验收。

（2）组织联动试车。

（3）按编制竣工资料要求收集、整理质量记录。

（4）组织竣工验收、编制竣工文件、做好工程移交准备。

（5）对已完工的工程项目在移交前采取措施进行防护。

（6）整理有关工程项目质量的技术文件，并编目、建档。

二、工序质量控制

1. 工序及工序质量

工序就是人、机、料、法、环境对产品（工程）质量起综合作用的过程。工序的划分主要取决于生产（施工）技术的客观要求，同时也取决于分工和提高劳动生产率的要求。例如，钢筋工程是由调直、除锈、剪刀、弯曲成型、绑扎等工序组成。

施工工序是产品（工程）构配件或零部件生产（施工）制造过程的基本环节，是构成生产的基本单位，也是质量检验和管理的基本环节。

工序质量是指工序过程的质量。在生产（施工）过程中，由于各种因素的影响而造成产品（工程）产生质量波动，工序质量就是去发现、分析和控制工序质量中的质量波动，使影响每道工序质量的制约因素都能被控制在一定范围内，确保每道工序的质量，不使上道工序的不合格品转入下道工序。工序质量决定了最终产品（工程）的质量。因此，对于施工企业来说，搞好工序质量就是保证单位工程质量的基础。

工序管理的目的是使影响产品（工程）质量的各种因素能始终处于受控状态的一种管理方法。因此，工序管理实质上就是对工序质量的控制。对工序的质量控制，一般采用建立质量控制点（管理点）的方法来加强工序管理。

工程项目施工质量控制就是对施工质量形成的全过程进行监督、检查、检验和验收的总称。施工质量由工作质量、工序质量和产品质量三者构成。工作质量是指参与项目实施全过程人员，为保证施工质量所表现的工作水平和完善程度，例如，管理工作质量、技术工作质量、思想工作质量等。产品质量即是指建筑产品必须具有满足设计和规范所要求的安全可靠性、经济性、适用性、环境协调性、美观性等。工序质量包括工序作业条件和作业效果质量。工程项目的施工过程是由一系列相互关联、相互制约的工序构成，工序质量是基础，直接影响工程项目的产品质量，因此，必须先控制工序质量，从而保证整体质量。

2.工序质量控制的程序

工序质量控制就是通过工序子样检验来统计、分析和判断整道工序质量，从而实现工序质量控制。工序质量控制的程序是：

（1）选择和确定工序质量控制点；

（2）确定每个工序控制点的质量目标；

（3）按规定检测方法对工序质量控制点现状进行跟踪检测；

（4）将工序质量控制点的质量现状和质量目标进行比较，找出二者差距及产生原因；

（5）采取相应的技术、组织和管理措施，消除质量差距。

3.工序质量控制的要点

（1）必须主动控制工序作业条件，变事后检查为事前控制。对影响工序质量的各种因素，如材料、施工工艺、环境、操作者和施工机具等项，要预先进行分析，找出主要影响因素，并加以严格控制，从而防止工序质量出现问题。

（2）必须动态控制工序质量，变事后检查为事中控制。及时检验工序质量，利用数理统计方法分析工序质量状态，并使其处于稳定状态。如果工序质量处于异常状态，则应停止施工；在经过原因分析，采取措施，消除异常状态后，方可继续施工。

（3）合理设置工序质量控制点，并做好工序质量预控工作。

（4）做好工序质量控制，应当遵循以下两点：

1）确定工序质量标准，并规定其抽样方法、测量方法、一般质量要求和上、下波动幅度；

2）确定工序技术标准和工艺标准，具体规定每道工序或操作的要求，并进行跟踪检验。

三、施工现场质量管理的基本环节

施工质量控制过程，不论是从施工要素着手，还是从施工质量的形成过程出发，都必须通过现场质量管理中一系列可操作的基本环节来实现。

现场质量管理的基本环节包括图纸会审、技术复核、技术交底、设计变更、三令管理、隐蔽工程验收、三检制、级配管理、材料检验、施工日记、质保材料、质量检验、成品保护等。其中一部分内容已在其他相关章节中进行了阐述，在此，仅对以下内容进行介绍。

1.三检制

三检制是指操作人员的自检、互检和专职质量管理人员的专检相结合的检验制度。它是确保现场施工质量的一种有效方法。

自检是指由操作人员对自己的施工作业或已完成的分项工程进行自我检验，实施自我控制、自我把关，及时消除异常因素，以防止不合格品进入下道作业。互检是指操作人员之间对所完成的作业或分项工程进行相互检查，是对自检的一种复核和确认，起到相互监督的作用。互检的形式可以是同组操作人员之间的相互检验，也可以是班组的质量检查员对本班组操作人员的抽检，同时也可以是下道作业对上道作业的交接检验。专检是指质量检验员对分部、分项工程进行的检验，用以弥补自检、互检的不足。专检还可细分为专检、巡检和终检。

实行三检制，要合理确定好自检、互检和专检的范围。一般情况下，原材料、半成品、成品的检验以专职检验人员为主，生产过程的各项作业的检验则以施工现场操作人员的自检、互检为主，专职检验人员巡回抽检为辅。成品的质量必须进行终检认证。

2. 技术复核

技术复核是指工程在未施工前所进行的预先检查。技术复核的目的是保证技术基准的正确性，避免因技术工作的疏忽差错而造成工程质量事故。因此，凡是涉及定位轴线、标高、尺寸，配合比，皮数杆，横板尺寸，预留洞口，预埋件的材质、型号、规格，吊装预制构件强度等，都必须根据设计文件和技术标准的规定进行复核检查，并做好记录和标识。

3. 技术核定

在实际施工过程中，施工项目管理者或操作者对施工图的某些技术问题有异议或者提出改善性的建议，如材料、构配件的代换、混凝土使用外加剂、工艺参数调整等，必须由施工项目技术负责人向设计单位提出"技术核定单"，经设计单位和监理单位同意后才能实施。

4. 设计变更

施工过程中，由于业主的需要或设计单位出于某种改善性考虑，以及施工现场实际条件发生变化，导致设计与施工的可行性产生矛盾，这些都将涉及施工图的设计变更。设计变更不仅关系到施工依据的变化，而且还涉及工程量的增减及工程项目质量要求的变化，因此，必须严格按照规定程序处理设计变更的有关问题。一般的设计变更需设计单位签字盖章确认，监理工程师下达设计变更令，施工单位备案后执行。

5. 三令管理

在施工生产过程中，凡沉桩、挖土、混凝土浇灌等作业必须纳入按命令施工的管理范围，即三令管理。三令管理的目的在于核查施工条件和准备工作情况，确保后续施工作业的连续性、安全性。

6. 级配管理

施工过程中所涉及的砂浆或混凝土，凡在图纸上标明强度或强度等级的，均须纳入级配管理制度范围。级配管理包括事前、事中和事后管理三个阶段。事前管理主要是级配的试验、调整和确认；事中管理主要是砂浆或混凝土拌制过程中的监控；事后管理则为试块试验结果的分析，实际上是对砂浆或混凝土的质量评定。

7. 分部、分项工程和隐蔽工程的质量检验

施工过程中，每一分部、分项工程和隐蔽工程施工完毕后，质检人员均应根据合同规定、施工质量验收统一标准和专业施工质量验收规范的要求对已完工的分部、分项工程和隐蔽工程进行检验。质量检验应在自检、专业检验的基础上，由专职质量检查员或企业的技术质量部门进行核定。只有通过其验收检查，对质量确认后，方可进行后续工程施工或

隐蔽工程的覆盖。

其中隐蔽工程是指那些施工完毕后将被隐蔽而无法或很难对其再进行检查的分部、分项工程，就土建工程而言，隐蔽工程的验收项目主要有地基、基础、基础与主体结构各部位钢筋、现场结构焊接、高强螺栓连接、防水工程等。

通过对分部、分项工程和隐蔽工程的检验，可确保工程质量符合规定要求，对发现的问题应及时处理，不留质量隐患及避免施工质量事故的发生。

8. 成品的保护

在施工过程中，有些分部、分项工程已经完成，而其他一些分部、分项工程尚在施工；或者是在其分部、分项施工过程中，某些部位已完成，而其他部位正在施工。在这种情况下，施工单位必须负责对已完成部分采取妥善措施予以保护，以免成品缺乏保护或保护不善而造成损伤或污染，影响工程的整体质量。

成品保护工作主要是要合理安排施工顺序、按正确的施工流程组织施工及制定和实施严格的成品保护措施。

第三节 质量控制点的设置

质量控制点就是根据施工项目的特点、为保证工程质量而确定的重点控制对象、关键部位或薄弱环节。

一、质量控制点设置的对象

设置质量控制点并对其进行分析是事前质量控制的一项重要内容，因此，在项目施工前，应根据施工项目的具体特点和技术要求，结合施工中各环节和部位的重要性、复杂性，准确、合理地选择质量控制点。也就是选择那些保证质量难度大、对质量影响大的或是发生质量问题时危害大的对象作为质量控制点。

1. 关键的分部、分项及隐蔽工程，如框架结构中的钢筋工程、大体积混凝土工程、基础工程中的混凝土浇筑工程等。

2. 关键的工程部位，如民用建筑的卫生间、关键工程设备的设备基础等。

3. 施工中的薄弱环节，即经常发生或容易发生质量问题的施工环节，或在施工质量控制过程中无把握的环节，如一些常见的质量通病（渗水、漏水问题）。

4. 关键的作业，如混凝土浇筑中的振捣作业、钻孔灌注桩中的钻孔作业。

5. 关键作业中的关键质量特性，如混凝土的强度、回填土的含水量、灰缝的饱满度等。

6. 采用新技术、新工艺、新材料的部位或环节。

进行质量预控，质量控制点的选择是关键。在每个施工阶段前，应设置并列出相应的质量控制点，如大体积混凝土施工的质量控制点应为：原材料及配合比控制、混凝土坍落度控制及试块（抗压、抗渗）取样、混凝土浇捣控制、浇筑标高控制、养护控制等。

凡是影响质量控制点的因素都可以作为质量控制点的对象，因此人、材料、机械设备、施工环境、施工方法等均可以作为质量控制点的对象，但对特定的质量控制点，它们的影响作用是不同的，应区别对待，重要因素，重点控制。

二、质量控制点的设置原则

在什么地方设置质量控制点，需要通过对工程的质量特性要求和施工过程中的各个工序进行全面分析来确定。设置质量控制点一般应考虑以下原则。

1. 对产品（工程）的适用性（性能、寿命、可靠性、安全性）有严重影响的关键、质量特性、关键部位或重要影响因素，应设置质量控制点。

2. 对工艺上有严格要求，对下道工序的工作有严重影响的关键质量特性、部位应设置质量控制点。

3. 对经常容易出现不良产品的工序，必须设立质量控制点，如门窗装修。

4. 对会影响项目质量的某些工序的施工顺序，必须设立质量控制点，如冷拉钢筋要先对焊后冷拉。

5. 对会严重影响项目质量的材料质量和性能，必须设立质量控制点，如预应力钢筋的质量和性能。

6. 对会影响下道工序质量的技术间歇时间，必须设立质量控制点。

7. 对某些与施工质量密切相关的技术参数，要设立质量控制点，如混凝土配合比。

8. 对容易出现质量通病的部位，必须设立质量控制点，如屋面油毡铺设。

9. 某些关键操作过程，必须设立质量控制点，如预应力钢筋张拉程序。

10. 对用户反馈的重要不良项目应建立质量控制点。

11. 对紧缺物资或可能对生产安排有严重影响的关键项目应建立质量控制点。建筑产品（工程）在施工过程中应设置多少质量控制点，应根据产品（工程）的复杂程度，以及技术文件上标记的特性分类、缺陷分级的要求而定。

第四节 施工项目质量管理的统计分析方法

质量管理中常用的统计方法有七种：排列图法、因果分析图法、直方图法、控制图法、相关图法、分层法和统计调查表法。这七种方法通常又称为质量管理的七种工具。

一、排列图法

1. 排列图法的概念

排列图法是利用排列图寻找影响质量主次因素的一种有效方法。排列图又称帕累托图或主次因素分析图，是根据意大利经济学家帕累托（Pareto）提出的"关键的少数和次要的多数"原理，由美国质量管理学家（J M.Juran）发明的一种质量管理图形，它是由两个纵坐标、一个横坐标、几个连起来的直方形和一条曲线所组成。左侧的纵坐标表示频数，右侧纵坐标表示累计频率，横坐标表示影响质量的各个因素或项目，按影响程度大小从左至右排列，直方形的高度表示某个因素的影响大小。实际应用中，通常按累计频率划分为 0~80%、80%~90%、90%~100% 三部分，与其对应的影响因素分别为 A、B、C 三类。A 类为主要因素，B 类为次要因素，C 类为一般因素。

2. 排列图的观察与分析

观察直方形，大致可看出各项目的影响程度。排列图中的每个直方形都表示一个质量问题或影响因素，影响程度与各直方形的高度成正比。

二、因果分析图法

1. 因果分析图法的概念

因果分析图法是利用因果分析图来系统整理分析某个质量问题（结果）与其产生原因之间关系的有效工具。因果分析图也称特性要因图，因其形状又常被称为树枝图或鱼刺图。

因果分析图由质量特性（即质量结果或某个质量问题）、要因（产生质量问题的主要原因）、枝干（指一系列箭线表示不同层次的原因）、主干（指较粗的直接指向质量结果的水平箭线）等所组成。

在实际施工生产过程中，任何一种质量因素的产生原因往往都是由于多种原因造成的，甚至是多层原因造成的，这些原因可以归结为五个方面：

（1）人（操作者）的因素；

（2）工艺（施工程序、方法）因素；

（3）设备的因素；

（4）材料（包括半成品）的因素；

（5）环境（地区、气候、地形等）因素。

但是，采取的提高质量措施是具体化的，因此还必须从上述五个方面中找出具体的甚至细小的原因来。因果分析图就是为寻找这些原因的起源而采取的一种从大到小、从粗到细，追根到底的方法。

2. 实例

前述混凝土强度不足是造成某构件加工厂造成构件不合格的主要因素，因果分析图中的大枝表示主要方面，中枝表示次要方面，细枝表示细小方面。有了因果分析图，就可以一目了然地系统观察产生质量问题的原因。找出原因后，可以采取相应的改进措施，从而达到控制工程质量的目的。

因果分析图的绘图步骤大体如下：明确分析质量的问题，在树枝图中用主干线表示出来；深入调查研究，集思广益，把凡是与质量问题的特性有明确因果关系的因素都收集上来，大原因一般为人、机、工艺、材料、环境，还要分析导致各大原因的小原因，层层深入，一直分析到可以落实改进措施的最小原因为止，并在图中分别用不同小枝表示；针对主要原因，制定改进措施。

3. 绘制和使用因果分析图时应注意的问题

（1）集思广益

绘制时要求绘制者熟悉专业施工方法技术，调查、了解施工现场实际条件和操作的具体情况。要以各种形式，广泛收集现场工人、班组长、质量检查员、工程技术人员的意见，集思广益，相互启发、相互补充，使因果分析更符合实际。

（2）制定对策

绘制因果分析图不是目的，而是要根据图中所反映的主要原因，制定改进的措施和对策，限期解决问题，保证产品质量。具体实施时，一般应编制一个对策计划表。

三、直方图法

1. 直方图的用途

直方图法即频数分布直方图法，它是将收集到的质量数据进行分组整理，绘制成频数分布直方图，用以描述质量分布状态的一种分析方法，所以又称质量分布图法。

通过对直方图的观察与分析，可了解产品质量的波动情况，掌握质量特性的分布规律，以便对质量状况进行分析判断。

2. 直方图的基本图形

直方图绘制在直角坐标系中，横坐标表示特性值、纵坐标表示频数。

直方用长条柱形表示：直方的宽度相等，有序性连续以直方的高度表示频数的高低、直方的选择数目依样本大小确定，直方的区间范围应包容样本的所有值。

3. 直方图制作程序

（1）确定分析对象、选择特性值。

（2）收集数据 30~100 个，至少 30 个。

（3）数据分析和整理，找出其中的最大值 xmax 和最小值 xmin。

（4）计算极差 R=xmax–xmin。

（5）将收集到的数据适当分组。一般组数 K=10，K 值随样本大小可适当增、减，选择范围 K=5~12 之间为宜。

（6）确定组距 n：

n= 极差 / 分组数 =R/K

若 n 值为小数时，为计算方便将其选为测量单位的整倍数。

（7）确定组界。"组界"就是每个直方在横坐标上的准确位置。确定组界时注意把实际测量值分布在各直方区间内而不应在组界线上。

一般从数据最小值开始分组，第一组上下界限值按下式计算：

第一组下限值 =xmin–n/2

第一组上限值 =xmin+n/2

（8）确定组中值。组中值是该组上限值与下限值的平均值。

（9）根据分组情况，分别统计出各组数据的个数，列出频数统计表。

（10）根据频数统计表画直方图。

用横坐标表示分组区间，纵坐标表示频数。以各组区间为底边，相应组内频数为高度画出直方图。

通过观察直方图形状，可判断产品质量是否稳定，预测生产过程中的不合格品率。

4. 直方图的观察与分析

观察直方图的形状、判断质量分布状态。做完直方图后，首先要认真观察直方图的整体形状，看其是否属于正常型直方图。正常型直方图就是中间高、两侧低、左右接近对称的图形。出现非正常型直方图时，表明生产过程或收集数据作图有问题。这就要求进一步分析判断，找出原因，从而采取措施加以纠正。凡属非正常型直方图，其图形分布有各种不同缺陷，归纳起来一般有五种类型。

（1）折齿型，是由于分组不当或者组距确定不当出现的直方图。

（2）左（或右）缓坡型，主要是由于操作中对上限（或下限）控制太严造成的。

（3）孤岛型，是原材料发生变化，或者临时他人顶班作业造成的。

（4）双峰型，是由于用两种不同方法或两台设备或两组工人进行生产，然后把两方面数据混在一起整理产生的。

（5）绝壁型，是由于数据收集不正常，可能有意识地去掉下限附近的数据，或是在检测过程中存在某种人为因素所造成的。

四、控制图法

1. 控制图的基本形式及用途

控制图又称管理图。它是在直角坐标系内画有控制界线，描述生产过程中产品质量波动状态的图形。利用控制图区分质量波动原因，判明生产过程是否处于稳定状态，提醒人们不失时机地采取措施，使质量始终处于受控状态。

（1）控制图的基本形式

横坐标为样本（子样）序号或抽样时间，纵坐标为被控制对象，即被控制的质量特性值。控制图上一般有三条线：在上面的一条虚线称为上控制界线，用符号 UCL 表示；在下面的一条虚线称为下控制界线，用符号 LCL 表示；中间的条实线称为中心线，用符号 CL 表示。中心线标志着质量特性值分布的中心位置，上下控制界线标志着质量特性值允许波动范围。

在生产过程中通过抽样取得数据，把样本统计量描在图上来分析判断生产过程状态。如果点子随机地落在上、下控制界线内，则表明生产过程正常，处于稳定状态，不会产生不合格品；如果点子超出控制界线，或点子排列有缺陷，则表明生产条件发生了异常变化，生产过程处于失控状态。

（2）控制图的用途

控制图是用样本数据来分析判断生产过程是否处于稳定状态的有效工具。它的用途主要有两个。

1）过程分析即分析生产过程是否稳定：为此，应随机连续收集数据，绘出控制图，观察数据点分布情况并判定生产过程状态。

2）过程控制即控制生产过程质量状态：为此，要定时抽样取得数据，将其变为点子描在图上，发现并及时消除生产过程中的失调现象，预防不合格品的产生。

2. 控制图的分类

（1）按用途控制图分类

1）分析用控制图。主要是用来调查分析生产过程是否处于控制状态。绘制分析用控制图时，一般需连续抽取 20~25 组样本数据，计算控制界线。

2）管理（或控制）用控制图。主要用来控制生产过程，使之经常保持在稳定状态下。

当根据分析用控制图判明生产处于稳定状态时，一般都是把分析用控制图的控制界线延长作为管理用控制图的控制界线，并按一定的时间间隔取样、计算、打点，根据点子分布情况，判断生产过程是否有异常因素影响。

（2）按质量数据特点分类

1）计量值控制图：主要适用于质量特性值属于计量值的控制，如时间、长度、质量、强度、成分等连续型变量。

2）计数值控制图：通常用于控制质量数据中的计数值，如不合格品数、疵点数、不合格品率、单位面积上的疵点数等离散型变量。根据计数值的不同又可分为计件值控制图和计点值控制图。

3. 控制图的观察与分析

绘制控制图的目的是分析判断生产过程是否处于稳定状态。这主要是通过对控制图上点子的分布情况的观察与分析进行，因为控制图上点子作为随机抽样的样本，可以反映出生产过程（总体）的质量分布状态。

当控制图同时满足以下两个条件：一是点子几乎全部落在控制界线之内；二是控制界线内的点子排列没有缺陷。就可以认为生产过程基本上处于稳定状态。如果点子的分布不满足其中任何一条，都应判断生产过程为异常。

（1）点子几乎全部落在控制界线内：是指应符合下述三个要求。

1）连续 25 点以上处于控制界线内。

2）连续 35 点中仅有 1 点超出控制界线。

3）连续 100 点中不多于 2 点超出控制界线。

（2）点子排列没有缺陷：是指点子的排列是随机的，而没有出现异常现象。这里的异常现象是指点子排列出现了链、多次同侧、趋势或倾向、周期性变动、接近控制界线等情况。

1）链。是指点子连续出现在中心线一侧的现象。出现 5 点链，应注意生产过程发展状况；出现 6 点链，应开始调查原因；出现 7 点链，应判定工序异常，需采取处理措施。

2）多次同侧。是指点子在中心线一侧多次出现的现象，或称偏离。下列情况说明生产过程已出现异常：在连续 11 点中有 10 点在同侧；在连续 14 点中有 12 点在同侧；在连续 17 点中有 14 点在同侧；在连续 20 点中有 16 点在同侧。

3）趋势或倾向。是指点子连续上升或连续下降的现象。连续 7 点或 7 点以上上升或下降排列，就应判定生产过程有异常因素影响，要立即采取措施。

4）周期性变动。即点子的排列显示周期性变化的现象，这样即使所有点子都在控制界线内，也应认为生产过程为异常。

5）点子排列接近控制界线。如属下列情况的判定为异常：连续 3 点至少有 2 点接近控制界线；连续 7 点至少有 3 点接近控制界线；连续 10 点至少有 4 点接近控制界线。

以上是用控制图分析判断生产过程是否正常的准则。如果生产过程处于稳定状态，则把分析用控制图转为管理用控制图。分析用控制图是静态的，而管理用控制图是动态的。随着生产过程的进展，通过抽样取得质量数据，把点描在图上，随时观察点子的变化；一是点子落在控制界线外或界线上，即判断生产过程异常；二是点子即使在控制界线内，也应随时观察其有无缺陷，以对生产过程正常与否作出判断。

五、相关图法

相关图又称散布图。在质量管理中它是用来显示两种质量数据之间关系的一种图形。质量数据之间的关系多属相关关系。一般有三种类型：一是质量特性和影响因素之间的关系；二是质量特性和质量特性之间的关系；三是影响因素和影响因素之间的关系。可以用 y 和 x 表示质量特性值和影响因素，通过绘制散布图、计算相关系数等，分析研究两个变量之间是否存在相关关系，以及这种关系密切程度如何，进而研究相关程度密切的两个变量，通过对其中一个变量的观察控制，去估计控制另一个变量的数值，以达到保证产品质量的目的。这种统计分析方法，称为相关图法。相关图中的数据点的集合，反映了两种数据之间的散布状况，根据散布状况可以分析两个变量之间的关系。归纳起来，有以下六种类型。

1. 正相关

散布点基本形成由左至右向上变化的一条直线带，即随 x 值的增加 y 值也相应增加，说明 x 与 y 有较强的制约关系，可通过对 x 控制而有效控制 y 的变化。

2. 弱正相关

散布点形成向上较分散的直线带。随 x 值的增加 y 值也有增加趋势，但 x、y 的关系不像正相关那么明显。说明 y 除受 x 影响外，还受其他更重要的因素影响，需进一步利用因果分析图法分析其他的影响因素。

3. 不相关

散布点形成一团或平行于 x 轴的直线带。说明 x 变化不会引起 y 的变化或其变化无规律，分析质量原因时可排除 x 因素。

4. 负相关

散布点形成由左至右向下的一条直线带。说明 x 对 y 的影响与正相关恰恰相反。

5. 弱负相关

散布点形成由左至右向下分布的较分散的直线带。说明 x 与 y 的相关关系较弱，且变化趋势相反，应考虑寻找影响 y 的其他更重要的因素。

6. 非线性相关

散布点呈一曲线带，即在一定范围内 x 增加，y 也增加；超过这个范围，x 增加，y 则有下降趋势。

六、分层法

分层法又称分类法，是将调查收集的原始数据，根据不同的目的和要求，按某一性质进行分组、整理的分析方法。分层的结果使数据各层间的差异突出地显示出来，层内的数据差异减少。在此基础上再进行层间、层内的比较分析，可以更深刻地发现和认识质量问题的本质和规律。由于产品质量是多方面因素共同作用的结果，因而对同一批数据，可以按不同性质分层，从不同角度来考虑、分析产品存在的质量问题和影响因素。

常用的分层标志有：按操作班组或操作者分层；按机械设备型号、功能分层；按工艺、操作方法分层；按原材料产地或等级分层；按时间顺序分层。

七、统计调查表法

统计调查表法是利用专门设计的统计调查表，进行数据收集、整理和分析质量状态的一种方法。

在质量管理活动中，利用统计调查表收集数据，简便灵活，便于整理。它没有固定格式，一般可根据调查的项目，设计不同的格式。

第五节 施工质量检查、评定及验收

一、施工质量检查

1.质量检查的意义

质量检查（或称检验）的定义是"对产品、过程或服务的一种或多种特性进行测量、检查、试验、计量，并将这些特性与规定的要求进行比较以确定其符合性的活动"。在施工过程中，为了确定建筑产品是否符合质量要求，就需要借助某种手段或方法对产品（工程）的质量特性进行测定，然后把测定的结果同该特性规定的质量标准进行比较，从而判定该产品（工程）是合格品、优良品或不合格品，因此，质量检查是保证工程（产品）质量的重要手段，意义在于：

（1）对进场原材料、外协件和半成品的检查验收，可防止不合格品进入施工过程，造成工程的重大损失；

（2）对施工过程中关键工序的检查和监督，可保证工程的要害部位不出差错；

（3）对交工工程进行严格的检查和验收，可维护用户的利益和本企业的信誉，提高社会、经济效益；

（4）可为全面质量管理提供大量、真实的数据，是全面质量管理信息的源泉，是建筑企业管理走向科学化、现代化的一项重要基础工作。

2.质量检查的内容

质量检查的内容由施工准备的检验、施工过程的检验以及交工验收的检验三部分内容组成。

（1）施工准备的检验内容

1）对原材料、半成品、成品、构配件以及新产品的试制和新技术的推广，须进行预先检验。用直观的方法检验外形、规格、尺寸、色泽和平整度等；用仪器设备测试隔音、隔热、防水、抗渗、耐酸、耐碱、绝缘等物理、化学性能，以及构配件和结构性材料的抗弯、抗压、抗剪、抗震等力学性能检验工作。对于混凝土和砂浆，还必须按设计配合比做试件检验，或采用超声波、回弹仪等测试手段进行混凝土的非破损的检验。

2）对工程地质、地貌、测量定位、标高等资料进行复核检查。

3）对构配件放样图纸有无差错进行复核检查。

（2）施工过程的检验内容

在施工过程中，检验的内容包括分部分项工程的各道工序以及隐蔽工程项目。一般采用简单的工具，如线锤、直尺、长尺、水平尺、量筒等进行直观检查，并做出准确判断。

如墙面的平整度与垂直度，灰缝的厚度；各种预制构件的型号是否符合图纸；模板的搭设标高、位置和截面尺寸是否符合设计；钢筋的绑扎间距、数量、规格和品种是否正确；预埋件和预留洞槽是否准确，隐蔽验收手续是否及时办理完善等。此外，施工现场所用的砂浆和混凝土都必须就地取样做成试块，按规定进行强度等级测试。坚持上道工序不合格不能转入下道工序施工。同时，要求在施工过程中收集和整理好各种原始记录和技术资料，把质量检验工作建立在让数据说话的基础之上。

（3）交工验收的检验内容

1）检查施工过程的自检原始记录。

2）检查施工过程的技术档案资料。如隐蔽工程验收记录、技术复核、设计变更、材料代用以及各类试验、试压报告等。

3）对竣工项目的外观检查。主要包括室内外的装饰、装修工程，屋面和地面工程，水、电及设备安装工程的实测检查等。

4）对使用功能的检查。包括门窗启闭是否灵活；屋面排水是否畅通；地漏标高是否恰当；设备运转是否正常；原设计的功能是否全部达到。

3. 质量检查的依据和方式

（1）质量检查的依据

1）国家颁发的《建筑工程施工质量验收统一标准》、各专业工程施工质量验收规范及施工技术操作规程。

2）原材料、半成品以及构配件的质量检验标准。

3）设计图纸及施工说明书等有关设计文件。

（2）质量检查的方式

1）全数检验：指对批量中的全部工程进行检验，此种检验一般应用于非破损性检查，检查项目少以及检验数量少的成品。这种检查方法工作量大，花费的时间长且只适用于非破坏性的检查。在建筑工程中，往往对关键性的或质量要求特别严格的分部分项工程，如对高级的大理石饰面工程，才采用这种检查方法。

2）抽样检验：指对批量中抽取部分工程进行检验，并通过检验结果对该批产品（工程）质量进行估计和判断的过程。抽样的条件是：产品（工程）在施工过程中质量基本上是稳定的，而抽样的产品（工程）批量大、项目多。如对分部分项工程，按一定的比率从总体中抽出一部分子样来分析，判断总体中所有检验对象的质量情况。这种检查与全数检查相对照，具有投入人力少，花费时间短和检查费用低的优点，因此，在一般分部分项工程中普遍采用。

抽样检查采用随机抽样的方法，所谓随机抽样，是使构成总体的每一单位体或位置，都有同等的机会、同样可能被抽到，从而避免抽样检查的片面性和倾向性。随机抽样时，除了上述同等的机会、同样的可能之外，还有一个数量的要求，即子样数量不应少于总体的 10%。

3）审核检验：随机抽取极少数样品，进行复核性的检验，查看质量水平的现状，并做出准确的评价。

4.质量检查计划及工作步骤

（1）质量检查计划

质量检查计划通常包含于质量计划中，是以书面形式，将质量检查的内容、方法，进行时间、评价标准及有关要求等表述清楚，使质量检查人员工作有所遵循的技术性计划（即质量检查技术措施）。

质量检查计划应由项目部有比较丰富质量管理经验的专业管理人员根据工程实际情况编写，经工程项目的技术负责人审核、批准后，即为该工程质量检查工作的技术性作业指导文件。

一般来说，质量检查计划应包括以下内容：1）工程项目名称（单位工程）；2）检查项目及检查部位；3）检查方法（量测，无损检测、理化试验、观感检查）；4）检查所依据的标准、规范；5）判定合格标准；6）检查程序（检查项目、检查操作的实施顺序）；7）检查执行原则（是抽样检查还是全数检查，抽样检查的原则）；8）不合格处理的原则程序及要求；9）应填写的质量记录或签发的检查报告；等等。

（2）质量检查工作的步骤

质量检查是一个过程，一般包括明确质量要求、测试、比较、判定和处理五个工作步骤。

1）明确质量要求：一项工程、一种产品在检查之前，必须依据检验标准规定，明确要检查哪些项目以及每个项目的质量指标，如果是抽样检查，还要明确如何抽检。此外，生产组织者、操作者以及质量检查员都要明确合格品、优良品的标准。

2）测试：规定用适当的方法和手段测试产品（工程），以得到正确的质量特性值和结果。

3）比较：将测得数据同规定的质量要求比较。

4）判定（评定）。根据比较的结果判定分项、分部或单位工程是合格品或不合格品。批量产品是合格批或不合格批。

5）处理：对不合格品有以下几种处理方式。

对分项工程经质量检查评定为不合格品时，应返工重做。

对分项工程经质量检查评定为不合格品时，经加固补强或经法定检测单位鉴定达到设计要求的，其质量只能评为"合格"。

对分项工程经质量检验评定为不合格品时，经法定检测单位鉴定达不到设计要求，但经设计单位和建设单位认为能满足结构安全和使用功能要求时可不加固补强，或经加固补强改变了原设计结构尺寸或造成永久性缺陷的，其质量可评为"合格"，所在分部工程不应评为"优良"。

记录所测得的数据和判定结果反馈给有关部门，以便促使其改进质量。在质量检查中，操作者和检查者必须按规定对所测得的数据进行认真记录，原始数据记录不全、不准，便会影响对工程质量的全面评价和进一步改进提高。

5. 质量检查的方法

检查方法选择是否适当，对检测结果和评价产品（工程）质量的正确性有重大关系。若检查方法选择不当，往往严重损害检测结果的准确性和可信度，甚至会把不合格品判为合格品，把合格品判为不合格品，导致不应有的损失，甚至还会造成严重的后果。建筑施工企业现有的检测方法，基本上分为物理与化学检验和感官检验两大类。

（1）物理与化学检验

凡是主要依靠量具、仪器及检测设备、装置，应用物理或化学方法对受检物进行检验而获得检验结果的方法，叫作物理与化学检验。

目前施工过程中对建筑物轴线、标高、长、宽、平整、垂直等的检验；对砖、砂、石、钢筋等原材料的检验均使用了水平仪、经纬仪、尺、塞尺等仪器、量具、检测设备、装置及物理或化学分析等方法，这是检验方法的主体，随着现代科学技术的进步，建筑施工企业的检测方法也将不断得到改进和发展。

（2）感官检验

依靠人的感觉器官来进行有关质量特性或特征的评价判定的活动，称为感官检验。如对于黏结的牢固程度用手抚摸，砌砖出现了几处通缝要用眼观看等，这些往往是依靠人的感觉器官来评价的。

感官检验在把感觉数量化及比较判定的过程中，都不时地受到人的"条件"影响，如错觉、时空误差、疲劳程度、训练效果、心理影响、生理差异等。但建筑工程中仍有许多质量特性和特征仍然需要依靠感官检验来进行鉴别和评定，为了保证判定的准确性，应注意不断提高人的素质。

二、施工质量验收

（一）基本规定

1. 施工现场质量管理应有相应的施工技术标准，健全的质量管理体系、施工质量检验制度和综合施工质量水平评定考核制度。

2. 建筑工程应按下列规定进行施工质量控制。

（1）建筑工程采用主要材料、半成品、成品、建筑构配件、器具和设备应进行现场验收。凡涉及安全、功能的有关产品、应按各专业工程质量验收规范规定进行复验，并应经监理工程师（建设单位技术负责人）检查认可。

（2）各工序应按施工技术标准进行质量控制，每道工序完成后，应进行检查。

（3）相关各专业工种之间，应进行交接检验，并形成记录。未经监理工程师（建设单位技术负责人）检查认可，不得进行下道工序施工。

3. 建筑工程施工质量应按下列要求进行验收。

（1）建筑工程施工质量应符合该统一标准和相关专业验收规范的规定。

（2）建筑工程施工应符合工程勘察、设计文件的要求。

（3）参加工程施工质量验收的各方人员应具备规定的资格。

（4）工程质量的验收均应在施工单位自行检查评定的基础上进行。

（5）隐蔽工程在隐蔽前应由施工单位通知有关单位进行验收，并应形成验收文件。

（6）涉及结构安全的试块、试件以及有关材料，应按规定进行见证取样检测。

（7）检验批的质量应按主控项目和一般项目验收。

（8）对涉及结构安全和使用功能的重要分部工程应进行抽样检测。

（9）承担见证取样检测及有关结构安全检测的单位应具有相应资质。

（10）工程的观感质量应由验收人员通过现场检查，并应共同确认。

（二）建筑工程质量验收的划分

1. 质量验收划分的作用

建筑工程质量验收应划分为单位（子单位）工程、分部（子分部）工程、分项工程和检验批。

分项、分部和单位工程的划分目的，是为了方便质量管理，根据某项工程的特点，人为地将其划分为若干个分项、分部和单位工程，以对其进行质量控制和检验评定。质量验收划分可起到以下作用

（1）对于大量建筑规模较大的单体工程和具有综合使用功能的综合性建筑物，一般施工周期长，受多种因素的影响，可能不容易一次建成投入使用，质量验收划分可使已建成的可使用部分投入使用，以发挥投资效益。

（2）在建设期间，需要将其中的一部分提前建成使用，对于规模特大的工程，一次性验收不方便，因此，有些建筑物整体划分为一个单位工程验收已不适应，故可将此类工程划分为若干个子单位工程进行验收。

（3）随着生产、工作、生活条件要求的提高，建筑物的内部设施也越来越多样化；建筑物相同部位的设计也呈多样化；新型材料大量涌现；加之施工工艺和技术的发展，使分项工程越来越多，因此，按建筑物的主要部位和专业来划分分部工程已不适应要求，故在分部工程中，按相近工作内容和系统划分若干子分部工程，这样有利于正确评价建筑工程质量，有利于进行验收。

分项工程可由一个或若干检验批组成，检验批可根据施工及质量控制和专业验收需要按楼层、施工段、变形缝等进行划分。

2. 质量验收划分的原则

（1）建筑物（构筑物）单位工程的划分：建筑物（构筑物）单位工程是由建筑工程和建筑设备安装工程共同组成，目的是突出建筑物（构筑物）的整体质量。凡是为生产、生活创造环境条件的建筑物（构筑物），不分民用建筑还是工业建筑，都是一个单位工程。一个独立的、单一的建筑物（构筑物）即为一个单位工程，例如，一个住宅小区建筑群中，

每一个独立的建筑物（构筑物），如一栋住宅楼、一个商店、锅炉房、变电站，一所学校的一个教学楼，一个办公楼、传达室等均为一个单位工程。对特大的工业厂房（构筑物）的单位工程，可根据实际情况，具体划定单位工程。

单位工程的划分应按下列原则确定。

1）具备独立施工条件并能形成独立使用功能的建筑物及构筑物为一个单位工程。

2）建筑规模较大的单位工程，可将其能形成独立使用功能的部分为一个子单位工程。具有独立施工条件和能形成独立使用功能是单位（子单位）工程划分的基本要求。在施工前由建设、监理、施工单位自行商议确定，并据此收集整理施工技术资料和验收。

（2）分部工程的划分应按下列原则确定。

1）分部工程的划分应按专业性质、建筑部位确定。

2）当分部工程量较大且较复杂时，可将其中相同部分的工程或能形成独立专业体系的工程，按材料种类、施工特点、施工程序、专业系统及类别等划分为若干子分部工程。

（3）分项工程应按主要工种、材料、施工工艺、设备类别等进行划分。

（4）检验批的划分：检验批的定义是按统一的生产条件或按规定的方式汇总起来供检验用的，由一定数量样本组成的检验体。分项工程可由一个或若干检验批组成。

分项工程划分成检验批进行验收有助于及时纠正施工中出现的质量问题，确保工程质量，也符合施工实际需要。多层及高层建筑工程中主体分部的分项工程可按楼层或施工段来划分检验批，单层建筑工程中的分项工程可按变形缝等划分检验批；地基基础分部工程中的分项工程一般划分为一个检验批，有地下层的基础工程可按不同地下层划分检验批；屋面分部工程中的分项工程不同楼层屋面可划分为不同的检验批；其他分部工程中的分项工程，一般按楼层划分检验批；对于工程量较少的分项工程可统一划分为一个检验批。安装工程一般按一个设计系统或设备组别划分为一个检验批。室外工程统一划分为一个检验批。散水、台阶、明沟等含在地面检验批中。

（5）室外工程的划分：室外工程可根据专业类别和工程规模划分单位（子单位）工程。

（三）建筑工程质量验收的要求及记录

1. 检验批的验收

（1）检验批是工程验收的最小单位，是分项工程乃至整个建筑工程质量验收的基础。检验批是施工过程中条件相同并有一定数量的材料、构配件或安装项目，由于其质量基本均匀一致，因此可以作为检验的基础单位，并按批验收。

检验批合格质量应符合下列规定：

1）主控项目和一般项目的质量经抽样检验合格；

2）具有完整的施工操作依据、质量检查记录。

标准给出了检验批质量合格的两个条件，资料检查、主控项目检验和一般项目检验。质量控制资料反映了检验批从原材料到最终验收的各施工工序的操作依据，检查情况以及保证质量所必需的管理制度等。对其完整性的检查，实际是对过程控制的确认，这是检验批合格的前提。

为了使检验批的质量符合安全和功能的基本要求，达到保证建筑工程质量的目的，各专业工程质量验收规范应对各检验批的主控项目、一般项目的子项合格质量给予明确的规定。检验批的合格质量主要取决于对主控项目和一般项目的检验结果。主控项目是对检验批的基本质量起决定性影响的检验项目，因此必须全部符合有关专业工程验收规范的规定。这意味着主控项目不允许有不符合要求的检验结果，即这种项目的检查具有否决权。鉴于主控项目对基本质量的决定性影响，从严要求是必需的。

（2）检验批的质量检验，应根据检验项目的特点在下列抽样方案中进行选择：

1）计量、计数或计量—计数等抽样方案；

2）一次、二次或多次抽样方案；

3）根据生产连续性和生产控制稳定性情况，尚可采用调整型抽样方案；

4）对重要的检验项目当可采用简易快速的检验方法时，可选用全数检验方案；

5）经实践检验有效的抽样方案。

（3）在制定检验批的抽样方案时，对生产方风险（或错判概率 a）和使用方风险（或漏判概率 β）可按下列规定采取：

1）主控项目：对应于合格质量水平的 a 和 β 均不宜超过 5%。

2）一般项目：对应于合格质量水平的 a 不宜超过 5%，β 不宜超过 10%。检验批的质量验收记录由施工项目专业质量检查员填写，监理工程师（建设单位项目专业技术负责人）组织项目专业质量检查员等进行验收并记录。

2. 分项工程的验收

分项工程的验收在检验批的基础上进行。一般情况下，两者具有相同或相近的性质，只是批量的大小不同而已。因此，将有关的检验批汇集构成分项工程。分项工程合格质量的条件比较简单，只要构成分项工程的各检验批的验收资料文件完整、并且均已验收合格，则分项工程验收合格。

分项工程质量验收合格应符合下列规定：

（1）分项工程所含的检验批均应符合合格质量的规定；

（2）分项工程所含的检验批的质量验收记录应完整。

分项工程质量应由监理工程师（建设单位项目专业技术负责人）组织项目专业技术负责人等进行验收并记录。

3. 分部工程的验收

分部：工程的验收在其所含各分项工程验收的基础上进行。分部（子分部）工程质量验收合格应符合下列规定：

（1）分部（子分部）工程所含分项工程的质量均应验收合格。

（2）质量控制资料应完整。

（3）地基与基础、主体结构和设备安装等分部工程有关安全及功能的检验和抽样检测结果应符合有关规定。

（4）观感质量验收应符合要求。

上述规定的意义是：分部工程的各分项工程必须已验收合格且相应的质量控制资料文件必须完整，这是验收的基本条件。此外，由于各分项工程的性质不尽相同，因此作为分部工程不能简单地组合而加以验收，尚需增加两类检查项目。即涉及安全和使用功能的地基基础、主体结构、有关安全及重要使用功能的安装分部工程应进行有关见证取样送样试验或抽样检测以及观感质量验收，由于这类检查往往难以定量，只能以观察、触摸或简单测量的方式进行，并由各个人的主观印象判断，检查结果并不给出"合格"或"不合格"的结论，而是综合给出质量评价。对于"差"的检查点应通过返修处理等补救。

分部（子分部）工程质量应由总监理工程师（建设单位项目专业负责人）组织施工项目经理和有关勘察、设计单位项目负责人进行验收并记录。

4. 单位工程的验收

单位工程质量验收也称质量竣工验收，是建筑工程投入使用前的最后一次验收，也是最重要的一次验收。

单位（子单位）工程质量验收合格应符合下列规定：

（1）单位（子单位）工程所含分部（子分部）工程的质量均应验收合格；

（2）质量控制资料应完整；

（3）单位（子单位）工程所含分部工程有关安全和功能的检测资料应完整；

（4）主要功能项目的抽查结果应符合相关专业质量验收规范的规定；

（5）观感质量验收应符合要求。

除构成单位工程的各分部工程应该合格，并且有关的资料文件应完整，即除上述（1）、（2）两项以外，还须进行另外三个方面的检查。

1）涉及安全和使用功能的分部工程应进行检验资料的复查。不仅要全面检查其完整性（不得有漏检缺项），而且对分部工程验收时补充进行的见证抽样检验报告也要复核，这种强化验收的手段体现了对安全和主要使用功能的重视。

2）对主要使用功能还须进行抽查。使用功能的检查是对建筑工程和设备安装工程最终质量的综合检验，也是用户最为关心的内容。因此，在分项、分部工程验收合格的基础上，竣工验收时再做全面检查。抽查项目是在检查资料文件的基础上由参加验收的各方人员商定，并用计量、计数的抽样方法确定检查部位。检查要求按有关专业工程施工质量验收标准的要求进行。

3）还须由参加验收的各方人员共同进行观感质量检查。检查的方法、内容、结论等已在分部工程的相应部分中阐述，最后共同确定是否通过验收。

5. 建筑工程质量不符合要求时的处理办法

一般情况下，不合格现象在最基层的验收单位——检验批时就应发现并及时处理，否则将影响后续检验批和相关的分项、分部工程的验收，因此所有质量隐患必须尽快消灭在萌芽状态，这也是以强化验收促进过程控制原则的体现。非正常情况的处理分为以下五种情况。

（1）经返工重做或更换器具、设备的检验批，应重新进行验收。这是指在检验批验收时，其主控项目不能满足验收规范规定或一般项目超过偏差限值的子项不符合检验规定的要求时，应及时进行处理的检验批。其中，严重的缺陷应推倒重来；一般的缺陷通过翻修或更换器具、设备予以解决，应允许施工单位在采取相应的措施后重新验收。如能够符合相应的专业工程质量验收规范，则应认为该检验批合格。

（2）经有资质的检测单位检测鉴定能够达到设计要求的检验批，应予以验收。这是指个别检验批发现试块强度等不满足要求等问题，难以确定是否验收时，应请具有资质的法定检测单位检测。当鉴定结果能够达到设计要求时，该检验批仍应认为通过验收。

（3）经有资质的检测单位检测鉴定达不到设计要求，但经原设计单位核算认可能够满足结构安全和使用功能的检验批，可予以验收。

如经检测鉴定达不到设计要求，但经原设计单位核算，仍能满足结构安全和使用功能的情况，该检验批可以予以验收。一般情况下，规范标准给出了满足安全和功能的最低限度要求，而设计往往在此基础上留有一些余量。不满足设计要求和符合相应规范标准的要求，两者并不矛盾。

（4）经返修或加固处理的分项、分部工程，虽然改变外形尺寸但仍能满足安全使用要求，可按技术处理方案和协商文件进行验收。

更为严重的缺陷或者超过检验批的更大范围内的缺陷，可能影响结构的安全性和使用功能。若经法定检测单位检测鉴定以后认为达不到规范标准的相应要求，即不能满足最低限度的安全储备和使用功能，则必须按一定的技术方案进行加固处理，使之能保证其满足安全使用的基本要求。这样会造成一些永久性的缺陷，如改变结构外形尺寸，影响一些次要的使用功能等。为了避免社会财富更大的损失，在不影响安全和主要使用功能条件下可按处理技术方案和协商文件进行验收，责任方应承担经济责任，但不能作为轻视质量而回避责任的一种出路，这是应该特别注意的。

（5）分部工程、单位（子单位）工程存在严重的缺陷，经返修或加固处理仍不能满足安全使用要求的，严禁验收。

（四）验收的程序和组织

1. 关于验收工作的规定

对建筑工程施工质量进行验收做出了如下规定：

（1）建筑工程施工质量应符合本标准和相关专业验收规范的规定；

（2）建筑工程施工应符合工程勘察、设计文件的要求；

（3）参加工程施工质量验收的各方人员应具备规定的资格；

（4）工程质量的验收均应在施工单位自行检查评定的基础上进行；

（5）隐蔽工程在隐蔽前应由施工单位通知有关单位进行验收，并应形成验收文件；

（6）涉及结构安全的试块、试件以及有关材料，应按规定进行见证取样检测；

（7）检验批的质量应按主控项目和一般项目验收；

（8）对涉及结构安全和使用功能的重要分部工程应进行抽样检测；

（9）承担见证取样检测及有关结构安全检测的单位应具有相应资质；

（10）工程的观感质量应由验收人员通过现场检查，并应共同确认。

2. 检验批和分项工程的验收规定

标准规定，检验批及分项工程应由监理工程师（建设单位项目技术负责人）组织施工单位项目专业质量（技术）负责人等进行验收。

检验批和分项工程是建筑工程质量的基础，因此，所有检验批和分项工程均应由监理工程师或建设单位项目技术负责人组织验收。验收前，施工单位先填好"检验批和分项工程的质量验收记录"（有关监理记录和结论不填），并由项目专业质量检验员和项目专业技术负责人分别在检验批和分项工程质量检验记录中相关栏目签字，然后由监理工程师组织，严格按规定程序进行验收。

3. 分部工程的验收规定

标准规定，分部工程应由总监理工程师（建设单位项目负责人）组织施工单位项目负责人和技术、质量负责人等进行验收；地基与基础、主体结构分部工程的勘察、设计单位工程项目负责人和施工单位技术、质量部门负责人也应参加相关分部工程验收。

上述要求规定了分部（子分部）工程验收的组织者及参加验收的相关单位和人员。工程监理实行总监理工程师负责制，因此，分部工程应由总监理工程师（建设单位项目负责人）组织施工单位的项目负责人和项目技术、质量负责人及有关人员进行验收。因为地基基础、主体结构的主要技术资料和质量问题是归技术部门和质量部门掌握，所以规定施工单位的技术、质量部门负责人参加验收是符合实际的。

由于地基基础、主体结构技术性能要求严格，技术性强，关系到整个工程的安全，因此，规定这些分部工程的勘察、设计单位工程项目负责人也应参加相关分部的工程质量验收。

4. 单位工程的验收规定

（1）标准规定，单位工程完工后，施工单位应自行组织有关人员进行检查评定，并向建设单位提交工程验收报告。即规定单位工程完成后，施工单位首先要依据质量标准、设计图纸等组织有关人员进行自检，并对检查结果进行评定，符合要求后向建设单位提交工程验收报告和完整的质量资料，请建设单位组织验收。

（2）标准还规定，建设单位收到工程验收报告后，应由建设单位（项目）负责人组织施工（含分包单位）、设计、监理等单位（项目）负责人进行单位（子单位）工程验收。即规定单位工程质量验收应由建设单位负责人或项目负责人组织，由于设计、施工、监理单位都是责任主体，因此设计、施工单位负责人或项目负责人及施工单位的技术、质量负责人和监理单位的总监理工程师均应参加验收（勘察单位虽然亦是责任主体，但已经参加了地基验收，故单位工程验收时，可以不参加）。

在一个单位工程中，对满足生产要求或具备使用条件，施工单位已预验，监理工程师已初验通过的子单位工程，建设单位可组织进行验收。由几个施工单位负责施工的单位工程，当其中的施工单位所负责的子单位工程已按设计完成，并经自行检验，也可按规定程序组织正式验收，办理交工手续。在整个单位工程进行全部验收时，已验收的子单位工程验收资料应作为单位工程验收的附件。

5. 总包和分包单位的验收程序

当单位工程有分包单位施工时，分包单位对所承包的工程项目应按本标准规定的程序检查评定，总包单位应派人参加。分包工程完成后，应将工程有关资料交总包单位。

本条规定了总包单位和分包单位的质量责任和验收程序。由于《建设工程承包合同》的双方主体是建设单位和总承包单位，总承包单位应按照承包合同的权利义务对建设单位负责。分包单位对总承包单位负责，亦应对建设单位负责。因此，分包单位对承建的项目进行检验时，总包单位应参加，检验合格后，分包单位应将工程的有关资料移交总包单位，待建设单位组织单位工程质量验收时，分包单位负责人应参加验收。

6. 验收工作的协调及备案制度

当参加验收各方对工程质量验收意见不一致时，可请当地建设行政主管部门或工程质量监督机构协调处理。

上述要求规定了建筑工程质量验收意见不一致时的组织协调部门。协调部门可以是当地建设行政主管部门，或其委托的部门（单位），也可是各方认可的咨询单位。

单位工程质量验收合格后，建设单位应在规定时间内将工程竣工验收报告和有关文件，报建设行政管理部门备案。

建设工程竣工验收备案制度是加强政府监督管理，防止不合格工程流向社会的一个重要手段。建设单位应依据《建设工程质量管理条例》和建设部有关规定，到县级以上人民政府建设行政主管部门或其他有关部门备案。否则，不允许投入使用。

三、施工项目质量评定

按施工项目质量验收的要求，对施工质量进行评定。

1. 施工项目质量评定等级

有关检验批、分项、分部（子分部）、单位（子单位）工程质量均分为"合格"与"优良"两个等级。

（1）检验批质量评定

1）合格：主控项目和一般项目的质量经抽样检验全部合格；具有完整的施工操作依据、质量检查记录。

2）优良：在合格基础上，检验批所包含的各个指定项目均达到优良。其中指定项目优良是指：指定项目质量经抽样检验，符合相关专业质量评定标准中优良标准的符合率应达到80%及以上。

（2）分项工程质量评定

1）合格：分项工程所含的检验批均应符合合格质量的规定；分项工程所含的检验批的质量验收记录应完整。

2）优良：在合格基础上，其中有60%及以上检验批为优良。

（3）分部（子分部）工程质量评定

1）合格：分部（子分部）工程所含分项工程的质量均应合格；质量控制资料应完整；地基与基础、主体结构和设备安装等分部工程有关安全及功能的检验和抽样检测结果应符合有关规定；观感质量评定应符合要求。

2）子分部优良：在合格基础上，其中有60%及以上分项为优良；观感质量评定优良。

3）分部优良：在合格基础上，其中有60%及以上子分部为优良，其主要子分部必须优良。

观感质量评定优良。

（4）单位（子单位）工程质量评定

1）合格：单位（子单位）工程所含分部（子分部）工程的质量均应评定合格；质量控制资料应完整；单位（子单位）工程所含分部工程有关安全和功能的检测资料应完整；主要功能项目的抽查结果应符合相关专业质量验收规范的规定；观感质量评定应符合要求。

2）优良：在合格基础上，其中有60%及以上的分部为优良，建筑工程必须含主体结构分部和建筑装饰装修分部工程；以建筑设备安装为主的单位工程，其指定的分部工程必须优良。如变、配电室的建筑电气安装分部工程；空调机房和净化车间的通风与空调分部工程；锅炉房的建筑给水、排水及采暖分部工程等。观感质量综合评定为优良。观感质量评定（综合评定）优良应符合下列规定：按照本标准和相关专业标准的有关要求进行观感质量检查，每个观感检查项中，有60%及以上抽查点符合相关专业标准的优良规定，该项即为优良；优良项数应占检验项数的60%及以上。

2.质量评定程序和组织

（1）检验批、分项工程质量应在施工班组自检的基础上，由项目专业（技术）质量负责人组织评定。

（2）分部（子分部）工程质量应由项目负责人组织项目技术质量负责人、专业工长、专业质量检查员进行评定。

其中地基、基础、主体结构分部工程质量，在施工项目评定的基础上，还应由企业技术质量主管部门组织检查。

（3）单位（子单位）工程质量评定应按下列规定进行。

1）单位工程完工后，由项目负责人组织各有关部门及分包单位项目负责人进行评定，并报企业技术质量主管部门。

2）由企业技术质量主管部门组织有关部门对单位工程进行核定。

四、工程竣工验收

工程竣工验收分施工项目竣工验收和建设项目竣工验收两个阶段。

施工项目竣工验收是建设项目竣工验收的第一阶段，可称为初步验收或交工验收，其含义是建筑施工企业完成其承建的单项工程后，接受建设单位的检验，合格后向建设单位交工。它与建设项目竣工验收不同。

建设项目竣工验收是动用验收，是指建设单位在建设项目按批准的设计文件所规定的内容全部建成后，向使用单位（国有资金建设的工程向国家）交工的过程。

施工项目竣工验收只是局部验收或部分验收。其验收过程是：建设项目的某个单项工程已按设计要求建完，能满足生产要求或具备使用条件，施工单位就可以向建设单位发出交工通知。建设单位接到施工单位的交工通知后，在做好验收准备的基础上，组织施工、监理、设计等单位共同进行交工验收。在验收中应按试车规程进行单机试车、无负荷联动试车及负荷联动试车。验收合格后，建设单位与施工单位签订《交工验收证书》。

当建设项目规模小、较简单时，可把施工项目竣工验收与建设项目竣工验收合为一次进行。

工程项目竣工验收工作，由建设单位负责组织实施。县级以上地方人民政府建设行政主管部门应当委托工程质量监督机构对工程竣工验收实施监督。

负责监督该工程的工程质量监督机构应当对工程竣工验收的组织形式、验收程序、执行验收标准等情况进行现场监督，发现有违反建设工程质量管理规定行为的，责令改正，并将对工程竣工验收的监督情况作为工程质量监督报告的重要内容。

（一）工程竣工验收的准备工作、要求及条件

1. 工程竣工（施工项目竣工）验收的准备工作

施工单位对施工项目的工程竣工验收应做好以下准备工作。

（1）施工项目的收尾工作：施工项目的收尾工作的有关内容将在第十四章第一节中进行介绍。

（2）竣工自验：竣工自验应做好以下工作。

1）自验的标准应与正式验收一样，主要依据是：国家（或地方政府主管部门）规定的竣工标准和竣工口径；工程完成情况是否符合施工图纸和设计的使用要求；工程质量是否符合国家和地方政府规定的标准和要求；工程是否达到合同规定的要求和标准等。

2）参加自验的人员，应由项目经理组织生产、技术、质量、合同、预算以及有关的施工工长（或施工员、工号负责人）等共同参加。

3）自验的方式，应分层分段、分房间地由上述人员按照自己主管的内容逐一进行检查。

在检查中要做好记录。对不符合要求的部位和项目，确定修补措施和标准，并指定专人负责，定期修理完毕。

4）复验。在基层施工单位自我检查的基础上，并对查出的问题修补完毕以后，项目经理应提请上级进行复验（按一般习惯，国家重点工程、省市级重点工程，都应提请总公司级的上级单位复验）。通过复验，要解决全部遗留问题，为正式验收做好充分的准备。

2. 工程竣工验收要求

（1）单项工程竣工验收要求：单项工程竣工验收是指在一个建设项目内，某个单项工程已按项目设计要求建设完成，能够满足生产要求或具备使用条件，并经承建单位预验和监理工程师初验已通过。可以满足单项工程验收条件，就应该进行该单项工程正式验收。

如果单项工程由若干个承建单位共同施工时，当某个承建单位施工部分，已按项目设计要求全部完成，而且符合项目质量要求，也可组织该部分正式验收，并办理交工手续；对于住宅建设项目，也可以按单个住宅逐幢进行正式验收，以便及早交付使用。

（2）建设项目竣工验收要求：建设项目竣工验收就是项目全部验收；它是指整个建设项目已按项目设计要求全部建设完毕，已具备竣工验收标准和条件；经承建单位预验合格，建设单位或监理工程师初验认可，由建设主管部门组织建设、设计、施工和质监部门，成立项目验收小组进行正式验收；对于比较重要的大型建设项目，应由国家计委组织验收委员会进行正式验收。

建筑安装工程竣工标准，因建筑物本身的性能和情况不同，也有所不同。主要有下列三种情况。

1）生产性或科研性房屋建筑的竣工标准是：土建工程，水、暖、电、气、卫生、通风工程（包括外管线）和属于该建筑物组成部分的控制室、操作室、设备基础、生活间乃至烟囱等，均已全部完成，即只有工艺设备尚未安装者，即视为房屋承包的单位工程达到竣工标准，可进行竣工验收。总之，这类建筑工程竣工标准是，一旦工艺设备安装完毕，即可试运转乃至投产使用。

2）民用建筑和居住建筑的竣工标准是：土建工程，水、暖、电、热、煤气、通风工程（包括其室外的管线），均已全部完成，电梯等设备也已完成，达到水通、灯亮，具备使用条件，可达到竣工标准，组织竣工验收。总之，这种类型建筑竣工的标准是，房屋建筑能够交付使用，住宅可以住人。

3）具备下列条件的建筑工程，亦可按达到竣工标准处理。

①房屋室外或小区内之管线已经全部完成，但属于市政工程单位承担的千管或干线尚未完成，因而造成房屋尚不能使用的建筑工程，房屋承包单位仍可办理竣工验收手续。

②房屋工程已经全部完成，只是电梯未到货或晚到货而未安装，或虽已安装但不能与房屋同时使用，房屋承包单位亦可办理竣工验收手续。

③生产性或科研性房屋建筑已经全部完成，只是因主要工艺设计变更或主要设备未到货，因而只剩下设备基础未做的，房屋承包单位亦可办理竣工验收手续。

以上三种情况之所以可视为达到竣工标准并组织竣工验收，是因为这些客观因素完全不是施工单位所能解决的，有时解决这些总是往往需要很长时间，没有理由因为这些客观因素而拒绝竣工验收而导致施工单位无法正常经营。

有的建设项目（工程）基本符合竣工验收标准，只是零星土建工程和少数非主要设备未按设计规定的内容全部建成，但不影响正常生产，亦应办理竣工验收手续。对剩余工程，应按设计留足投资，限期完成。有的项目投产初期一时不能达到设计能力所规定的产量，不应因此拖延办理验收和移交固定资产手续。

有些建设项目和单项工程，已形成部分生产能力或实际上生产方面已经使用，近期不能按原计划规模续建的，应从实际情况出发，可缩小规模，报主管部门批准后，对已完成的工程和设备，尽快组织验收，移交固定资产。

4）工程符合下列要求方可进行竣工验收：

①完成工程设计和合同约定的各项内容；

②施工单位在工程完工后对工程质量进行了检查，确认工程质量符合有关法律法规和工程建设强制性标准，符合设计文件及合同要求，并提出工程竣工报告，工程竣工报告应经项目经理和施工单位有关负责人审核签字；

③对于委托监理的工程项目，监理单位对工程进行了质量评估，具有完整的监理资料，并提出工程质量评估报告，工程质量评估报告应经总监理工程师和监理单位有关负责人审核签字；

④勘察、设计单位对勘察、设计文件及施工过程中由设计单位签署的设计变更通知书进行了检查，并提出质量检查报告，质量检查报告应经该项目勘察、设计负责人和勘察、设计单位有关负责人审核签字；

⑤有完整的技术档案和施工管理资料；

⑥有工程使用的主要建筑材料、建筑构配件和设备的进场试验报告；

⑦建设单位已按合同约定支付工程款；

⑧有施工单位签署的工程质量保修书；

⑨城乡规划行政主管部门对工程是否符合规划设计要求进行了检查，并出具认可文件；

⑩有公安消防、环保等部门出具的认可文件或者准许使用文件。

建设行政主管部门及其委托的工程质量监督机构等有关部门责令整改的问题全部整改完毕。

3.工程竣工验收条件

（1）单位工程竣工验收条件。

1）房屋建筑工程竣工验收条件。

①交付竣工验收的工程，均应按施工图设计规定全部施工完毕，经过承建单位预验和监理工程师初验，并已达到项目设计、施工和验收规范要求。

②建筑设备经过试验，并且均已达到项目设计和使用要求。

③建筑物室内外清洁，室外两米以内的现场已清理完毕，施工渣土已全部运出现场。

④项目全部竣工图纸和其他竣工技术资料均已齐备。

2）设备安装工程竣工验收条件：

①属于建筑工程的设备基础、机座、支架、工作台和梯子等已全部施工完毕，并经检验达到项目设计和设备安装要求。

②必须安装的工艺设备、动力设备和仪表，已按项目设计和技术说明书要求安装完毕；经检验其质量符合施工及验收规范要求，并经试压、检测、单体或联动试车，全部符合质量要求，具备形成项目设计规定的生产能力。

③设备出厂合格证、技术性能和操作说明书，以及试车记录和其他竣工技术资料，均已齐全。

3）室外管线工程竣工验收条件。

①室外管道安装和电气线路敷设工程，全部按项目设计要求，已施工完毕，并经检验达到项目设计、施工和验收规范要求。

②室外管道安装工程，已通过闭水试验、试压和检测，并且质量全部合格。

③室外电气线路敷设工程，已通过绝缘耐压材料检验，并已全部质量合格。

（2）单项工程竣工验收条件。

1）工业单项工程竣工验收条件。

①项目初步设计规定的工程，如建筑工程、设备安装工程、配套工程和附属工程，均已全部施工完毕，经过检验达到项目设计、施工和验收规范，以及设备技术说明书要求，并已形成项目设计规定的生产能力。

②经过单体试车、无负荷联动试车和有负荷联动试车合格。

③项目生产准备已基本完成。

2）民用单项工程竣工验收条件。

①全部单位工程均已施工完毕，达到项目竣工验收标准，并能够交付使用。

②与项目配套的室外管线工程，已全部施工完毕，并达到竣工质量验收标准。

（3）建设项目竣工验收条件。

1）工业建设项目竣工验收条件。

①主要生产性工程和辅助公用设施，均按项目设计规定建成，并能够满足项目生产要求。

②主要工艺设备和动力设备，均已安装配套，经无负荷联动试车和有负荷联动试车合格，并已形成生产能力，可以产出项目设计文件规定的产品。

③职工宿舍、食堂、更衣室和浴室，以及其他生活福利设施，均能够适应项目投产初期需要。

④项目生产准备工作，已能够适应投产初期需要。

2）民用建设项目竣工验收条件。

①项目各单位工程和单项工程，均已符合项目竣工验收条件。

②项目配套工程和附属工程，均已施工完毕，已达到设计规定的相应质量要求，并具备正常使用条件。

项目施工完毕后，必须及时进行项目竣工验收。国家规定"对已具备竣工验收条件的项目，三个月内不办理验收投产和移交固定资产手续者，将取消业主和主管部门的基建试车收入分成，并由银行监督全部上交国家财政；如在三个月内办理竣工验收确有困难，经验收主管部门批准，可以适当延长验收期限"。

（二）工程竣工验收程序

工程竣工验收应当按以下程序进行。

1. 工程完工后，施工单位向建设单位提交工程竣工报告，申请工程竣工验收。实行监理的工程，工程竣工报告须经总监理工程师签署意见。

2. 建设单位收到工程竣工报告后，对符合竣工验收要求的工程，组织勘察、设计、施工、监理等单位和其他有关方面的专家组成验收组，制定验收方案。

3. 建设单位应当在工程竣工验收7个工作日前将验收的时间、地点及验收组名单书面通知负责监督该工程的工程质量监督机构。

4. 建设单位组织工程竣工验收。

5. 建设、勘察、设计、施工、监理单位分别汇报工程合同履约情况在工程建设各个环节执行法律、法规和工程建设强制性标准的情况。

6. 审阅建设、勘察、设计、施工、监理单位的工程档案资料。

7. 实地查验工程质量。

8. 对工程勘察、设计、施工、设备安装质量和各管理环节等方面做出全面评价，形成经验收组人员签署的工程竣工验收意见。

参与工程竣工验收的建设、勘察、设计、施工、监理等各方不能形成一致意见时，应当协商提出解决的方法，待意见一致后，重新组织工程竣工验收。

（三）工程竣工验收的步骤及验收报告

1. 工程竣工验收的步骤

（1）成立项目竣工验收小组：当项目具备正式竣工验收条件时，就应尽快建立项目竣工验收领导小组；该小组可分为省、市或地方建设主管部门等不同级别，具体级别由项目规模和重要程度确定。

（2）项目现场检查：参加工程项目竣工验收各方，对竣工项目实体进行目测检查，并逐项检查项目竣工资料，看其所列内容是否齐备和完整。

（3）项目现场验收会议：现场验收会议的议程通常包括：承建单位代表介绍项目施工、自检和竣工预验状况，并展示全部项目竣工图纸、各项原始资料和记录；项目监理工程师通报施工项目监理工作状况，发表项目竣工验收意见；建设单位提出竣工项目目测发现问题，并向承建单位提出限期处理意见；经暂时休会，由工程质监部门会同建设单位和监理工程师，讨论工程正式验收是否合格；然后复会，最后由项目竣工验收小组宣布竣工验收结果，并由工程质量监督部门宣布竣工项目质量等级。

（4）办理竣工验收签证书：在项目竣工验收时，必须填写项目竣工验收签证书。在该签证书上，必须有建设单位、承建单位和监理单位三方签字和盖章，方可正式生效。

2. 竣工验收报告

工程竣工验收合格后，建设单位应当及时提出工程竣工验收报告。工程竣工验收报告主要包括工程概况，建设单位执行基本建设程序情况，对工程勘察、设计、施工、监理等方面的评价，工程竣工验收时间、程序、内容和组织形式，工程竣工验收意见等内容。

结　语

绿色施工是一个长期的复杂的系统工程，它不仅受到政府、业主、施工企业影响，还和企业的施工技术、管理水平有着直接关系。我国绿色施工尚处于起步阶段，全面实施绿色施工，不仅仅需要企业自身加强管理，履行绿色施工的社会责任，更需要有效的行政监管体系、需要工程技术人员知识结构的更新和拓展，需要新技术、新产品、新材料的支撑，需要全社会意识的提高。

绿色建筑的项目管理可以说是一种新型建筑项目管理，是伴随着一系列绿色建筑的出现而出现的。通过在建筑项目的整个周期内，采用整合了传统项目管理与生态学的新理论、新技术和新观点进行项目的策划和控制来达到项目建设的环境目标、质量目标、进度目标以及投资目标。通常来讲，项目管理涉及建筑工程的每个环节，包括项目前期策划、建议书、可研报告、设计、施工以及竣工验收等环节，所以说项目管理在建筑施工中具有极其重要的作用。

总而言之，建筑工程的施工管理工作和绿色建筑工程的施工管理工作是一项复杂的工作，需要对很多因素进行把握，包括人为因素和自然因素，这对于我国的建筑工程行业来说是一项巨大的挑战。为了提高管理工作的效率，主要有以下几个方面的工作可以加强：从国家层面来说，要发挥宏观调控的作用，为建筑工程行业的管理工作发展营造一个较为稳定的外部环境；从建筑工程行业自身来说，要顺应时代的发展潮流，丰富施工管理方式，为行业的发展注入源源不断的动力。建筑工程行业的发展事关我国人民的生活水平，让我们携起手来一起努力。

参考文献

[1] 王虎军.基于灰色关联分析法的绿色施工评价研究 [D]. 河北工程大学 ,2019.

[2] 谭文宇.绿色建筑项目全生命周期管理和评价体系研究 [D]. 华南理工大学 ,2019.

[3] 陈晨 ,郭彦丽.绿色建筑施工项目管理的完善路径 [J]. 居舍 ,2018(17):126.

[4] 董震宇.绿色建筑施工及评价研究 [D]. 长安大学 ,2018.

[5] 郭威东.绿色建筑施工质量控制方法研究 [D]. 兰州大学 ,2018.

[6] 闫嵩.绿色施工理念在建筑工程的应用 [D]. 华东交通大学 ,2017.

[7] 张格通 ,张智明.工程项目管理中的绿色建筑施工管理 [J]. 科技与创新 ,2017(12):84+87.

[8] 梁晓宇.绿色施工能力成熟度评价研究 [D]. 重庆交通大学 ,2017.

[9] 张珉.绿色节能建筑施工管理研究 [D]. 中国科学院大学 (中国科学院工程管理与信息技术学院),2017.

[10] 宋伟.绿色施工组织设计的编制研究 [D]. 河北工程大学 ,2017.

[11] 裴景希.高层建筑绿色施工成本分析与控制方法研究 [D]. 华东交通大学 ,2016.

[12] 朱涵霄.基于绿色价值链的 M 建筑施工企业核心竞争力研究 [D]. 西安建筑科技大学 ,2015.

[13] 严玉海.福建省绿色施工技术与管理体系的应用研究 [D]. 华侨大学 ,2015.

[14] 许蕾.绿色建筑全寿命周期建设工程管理和评价体系研究 [D]. 山东建筑大学 ,2015.

[15] 李雅彬.绿色建筑项目全寿命周期成本风险研究 [D]. 重庆大学 ,2015.

[16] 李伟.地铁工程绿色施工应用研究 [D]. 华南理工大学 ,2014.

[17] 扈学伟.建筑工程施工管理模式创新研究 [D]. 天津大学 ,2014.

[18] 尚裕程.建筑行业绿色施工项目整体策划与实践 [D]. 中国科学院大学（工程管理与信息技术学院),2014.

[19] 张丹.绿色施工推广策略及评价体系研究 [D]. 重庆大学 ,2010.

[20] 许飞.绿色施工评价体系及评价方法研究 [D]. 东北大学 ,2008.

[21] 湖南省土木建筑学会 ,杨承惄 ,陈浩主编.绿色建筑施工与管理 2018 版 [M]. 北京：中国建材工业出版社 .2018.

[22] 湖南省土木建筑学会.绿色建筑施工与管理 2017[M]. 北京：中国建材工业出版社 .2017.

[23] 湖南省土木建筑学，杨承悊，陈浩主编 . 绿色建筑施工与管理 2019[M]. 北京：中国建材工业出版社 .2019.

[24] 潘智敏，曹雅娴，白香鸽著 . 建筑工程设计与项目管理 [M]. 长春：吉林科学技术出版社 .2019.

[25] 陆总兵 . 建筑工程项目管理的创新与优化研究 [M]. 天津：天津科学技术出版社 .2019.

[26] 杨文领 . 建筑工程绿色监理 [M]. 杭州：浙江大学出版社 .2017.

[27] 师卫锋 . 土木工程施工与项目管理分析 [M]. 天津：天津科学技术出版社 .2018.

[28] 王禹，高明 . 新时期绿色建筑理念与其实践应用研究 [M]. 中国原子能出版社 .2019.

[29] 石元印，邓富强主编；王泽云主审 . 建筑施工技术 [M]. 重庆：重庆大学出版社 .2016.

[30] 杨洪兴，姜希猛等编 . 绿色建筑发展与可再生能源应用 [M]. 北京：中国铁道出版社 .2016.